네팔에서 보낸 일주일

네팔에서 보낸 일주일

이택규 지음

ATstudio

여행을 떠나며

여행이란 무엇인가. 그냥 떠나는 것이다. 일상에서 벗어나 멀리 더 멀리 원거리로 날아가 동화 속 나라도 가보고, 상상만 했던 세계에서 며칠이라도 직접 살아보는 것이다. 여행이란 이런 것이고, 여행을 통해서 예상하지 않게 얻는 것이 있으며, 우리의 삶에서 여행은 꼭 필요한 것이라고 역설해보았자 실천하지 않는 이론적 경험은 꿈에 불과하다. 또한 여행에서 겪는 다양한 경험은 바라보는 시각과 느끼는 정도, 그리고 여행자의 관심사에 따라 가슴에 와닿는 감동과 비중이 다를 수밖에 없다.

과거 몇 나라를 여행했던 추억을 떠올렸다. 해외에 나가면 우리와 다른 나라의 문화·역사·관습·인물 등 타인이 살아가는 모습에 호기심을 두었을 뿐 '나'를 돌아보는 여행은 아니었던 것 같다. 집을 떠나 낯선 곳에서 잠을 자고, 처음 맛보는 음식을 먹고, 생김새가 다른 사람들을 지나치며, 말이 통하지 않는 대신 손짓과 발짓으로 대화를 나누고, 현지인의 살아가는 면면을 눈여겨보는 것 등 사사로운 경험과 느낌이 전부였다. 그리고 그런 기억은 금세 잊혀졌다.

국내의 여러 곳을 다니면서도 마찬가지였다. 휴식을 핑계 삼아 떠난 여행에서 일정 내내 열심히 촬영한 사진은 어디에 두었는지 모를 만큼 구석에 처박아둔 채 두 번 다시 쳐다보지 않는 경우가 허다했다.

나는 늘 스트레스를 안고 살아왔다. 사람들로부터, 일로부터, 생각으로부터 자유롭지 못했다. 웬만해선 하고 싶은 것을 꼭 해야 했으므로 목표에 도달하기 전에 이런저런 장애를 만나거나 능력 부족이 확인되면 그쯤에서 욕구를 접어야 했다. 때로는 믿었던 사람과 일에서 배신을 당하는 경우도 있었다. 돌이켜보면 모두 욕심 때문이다.

하루에도 수십 번 겪는 온갖 감정의 변화들은 어느 하나라도 기본 원칙에 충실하지 않을 때 탈이 나고 마는 법이다. 욕심을 버리고 사리를 밝혀 순리에 따른다면 그렇지 않을 때 겪어야 하는 변고를 피하거나 줄일 수 있지만, 빠르고 복잡한 세상을 쫓아가다 보면 나도 모르는 사이에 예상하지 못한 일에 휘말리는 경우도 종종 발생한다.

'제 몸이 중이면 중의 행세를 하라'는 속담이 있다. 자기의 신분을 지켜 분수에 넘치는 행동을 삼가라는 말이다. 절을 지키고 수행에 몰두해야 할 중이 다른 재주가 있다 하여 본분에서 벗어난 행동을 한다면 가면 쓴 먹중이나 다름없게 된다. 그와 같이 어줍잖은 재주는 잊을 만하면 어느 결에 갓길로 달리게 했고, 갓길은 종종 끊어졌다. 그럴 때마다 나 자신을 되찾고 정도의 길을 걷기 위한 노력이 필요했다. 자질구레한 일과 사람과 생각으로 인한 스트레스에서 어느 정도 벗어나 회사 생활에 전념했다. 그런 와중에 공정 여행을 하는 트립티여행사의 네팔 여행 1차 코스 프로그램에 참여할 기회가 생겨서 몇몇이 짐을 꾸려 네팔 여행을 하게 되었다.

이번 네팔 여행은 마음을 비움으로써 '진정한 나'를 찾고, 개선의 여지가 있는 '가치 창조적인 내일'을 지향하기 위해 나를 어떻게 변화시켜야 할지에 대해 생각할 시간을 갖게 되길 바라면서 여정에 올랐다. '나는 누구인가'와 앞으로 남은 생을 '어떻게 살아감이 마땅한가'에 대한 물음은 죽기 직전까지 고뇌하고 번민하며 수행의 길을 걷는다 해도 명확한 답에 이르기 어려운 난제임을 안다. '왜'라는 물음에 직면하게 되면 바로 '이것'이라고 명확한 정의를 내리지 못하고 주변만 빙빙 돌다가 끝내는 '말하자면' 하고 얼버무리기 일쑤이지만 그럴 때일수록 나를 돌아보는 일과 잘 살기 위한 노력을 멈춰서는 안 될 것이다. 이것이 인생이다.

트립티여행사를 통한 일정은 모든 면에서 홀가분하고 자유로웠다. 식사할 때 메뉴를 고르고, 쇼핑도 이곳저곳 상점을 자유롭게 돌아다니며 물건을 흥정해 구입하는 즐거움을 더했다. 또한 시간적으로도 현지의 분위기에 빠져 충분한 휴식을 취할 수 있었다. 여행자의 의견과 결정을 우선시해서 현지 상황에 따라 유연성 있게 스케줄이 조정되었다. 여행 내내 우리나라에서 활동하다 본국으로 돌아간 이주 노동자가 안내를 맡았는데, 그의 집에 초대를 받아 식사할 정도로 가이드라기보다는 한 팀처럼 어울렸던 점도 인상적이었다. 여행 중에 현지인의 집에서 민박을 하고 공정 무역을 하는 트립티답게 산지 생산자와 농장을 견학할 기회도 있었다. 욕심 부리지 않고 자연에 순응하며 조화롭게 살아가는 네팔인의 영혼이 자유롭기도 하거니와 신비롭게 보였다. 단체 속에서도 충분히 혼자의 시간을 자유롭게 즐길 수 있었다. 이 모든 것들이 그동안 다녀보았던 패키지여행과는 사뭇 다른 공정여행의 매력이었다.

누군가 여행에서 좋았던 것이 무엇이었느냐고 묻는다면 "집을 떠나 새로운 것을 보고 접한 것이었다"라고 말할 수 있겠다. 그다음 집을 떠나보니 어떠

했는지 묻는다면 "역시 내 집만 한 데가 없더라"라고 말하겠다. 그런데 '새로운 것'이 내 인생에 얼마나 많은 영향을 끼쳤고 변화를 이끌어냈느냐고 묻는다면 어떻게 대답을 해야 할지 망설여진다. 우리와 다른 문화권의 면면을 보고 느낀 감정이 우선이었기 때문이다. 그런 이유로 당시에는 내 눈에 보이는 것들이 호기심을 유발했을지언정 집에 돌아오면 역시 내 집이 편하고 좋은 만큼 태어나 자라고 생활했던 일상에서 뚜렷이 벗어나지 못했다. 결국 변화를 기대하기는 어려웠던 것 같다. 그래서 이번 네팔 여행을 뒤돌아보며 '나를 알기' 위한 목적과 그 목적의 범위 안팎에서 보고 느낀 것을 개인적인 인생의 관점에서 짚어보고자 하였다.

추천사

이택규 시인이 네팔 여행에 관한 책을 출판한 것에 대해 진심으로 축하합니다. 사업을 하면서 어려운 가운데도 시간을 내어 네팔 커피 심기 여행에 함께해 여행기를 세밀하게 기록하여 책을 출판한 것에 대해 어떤 말로 감사 인사를 드려야 할지 모르겠습니다. 이 책에는 트립 티에서 추구하는 공정 여행의 특성이 잘 담겨 있습니다.

세계의 지붕이라고 할 수 있는 히말라야 절경을 감상하기 위해 세계 각지에서 여행자들이 앞다투어 네팔을 찾습니다. 여행객의 로망인 네팔 관광에 연관된 사업은 네팔 국내총생산의 40%를 차지하고 있어 네팔을 먹여 살리는 효자산업입니다. 히말라야 원주민들도 관광 수입에 의존하고는 있지만 그리 달가운 것만은 아닙니다. 네팔을 여행 중인 한 사람이 따뜻한 물로 목욕하기 위해서는 세 그루 나무가 베어지고, 히말라야 트레킹 그룹이 보름간 사용하는 장작은 지역 주민들이 6개월 동안 쓸 수 있는 양이라고 합니다. 네팔 관광객을 안내하는 가이드들은 오히려 관광객들이 얼마 없었던 예전의 삶이 훨씬 풍요로웠다고 회고합니다.

네팔 미래를 해치지 않으면서 여행자와 현지 욕구를 모두 충족시키는 방안은 무엇일까요? 지속 가능한 관광이라는 개념이 확산되면서 새로운 형태로 공정 여행의 개념이 등장하고 있습니다. 공정 여행이란 공정 무역에서 따온 개념으로 '착한 여행'이라고도 하며 여행자와 여행 대상국 국민이 평등한 권리를 맺는 관계입니다. 즐기기만 하는 여행에서 발생한 환경 오염, 문화 파괴, 낭비 등을 반성하고 어려운 나라의 주민들에게 실질적인 도움이 되자는 의미로 만들어졌으며 한국에서도 최근 주목을 받고 있습니다.
공정 무역은 개발도상국 생산자들에게 경제적 자립과 지속 가능한 발전을 약속하는 유리한 무역 조건을 제공하는 무역 상태를 말합니다. 또한 경제 선진국과 개발도상국 사이에서 불공정한 무역 구조로 인해 발생한 부의 편중, 환경 파괴, 노동력 착취 문제 등을 막기 위해 대두된 무역 형태입니다. 이런 무역 운동에 근거하여 트립티에서는 아래와 같은 몇 가지 공정 여행 원칙을 제시하고 있습니다.

트립티가 생각하는 공정 여행 원칙

1. 네팔 문화 이해하기

2. 자신을 명상하며 돌아보기

3. 현지 주민에게 도움이 되는 자원봉사

4. 가능하면 현지의 음식과 숙박 시설 이용하기

5. 환경을 해치지 않고 동물을 학대하지 않기

이택규 시인은 이런 트립티 공정 여행 원칙에 따라 네팔 여행을 잘 묘사하고 있습니다. 여행에서 가장 중요한 자신을 세밀하게 성찰하고 있음을 보며 저도 자신을 돌아보는 여행에 대한 강렬한 욕구가 생깁니다. 이 책을 통해 힘들게 살고 있는 모든 분들이 자신을 치유할 수 있기를 바라며 일독을 권합니다.

(주)트립티 대표 최정의팔

MONGOLIA
CHINA
AFGANISTAN
PAKISTAN
NEPAL
BHUTAN
INDIA
MYANMAR
LAOS
THAILAND
CAMBODIA
VIETNAM
2,240Km

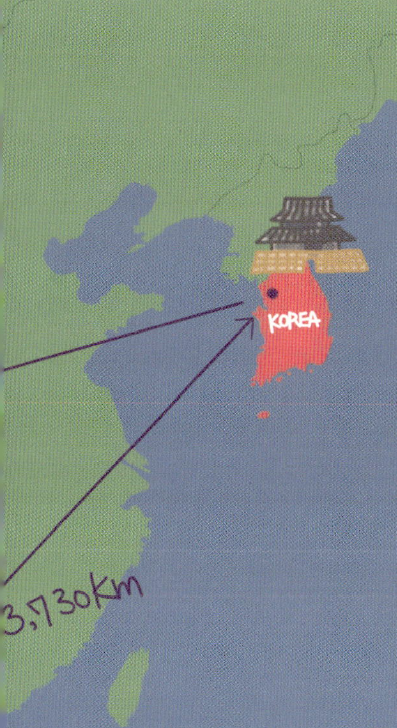

트립티 네팔 여행 코스

1일 인천공항 – 방플리

2일 수완나품 공항 – 카트만두 – 타멜

3일 파탄 왕궁 – 파탄더르바르 광장– 황금 사원 – 포카라 – 오스트레일리안 캠프

4일 오스트레일리안 캠프 – 포타나 마을 – 칼리카 사원 – 바글룽

5일 바글룽 – 버쿤데

6일 버쿤데 – 포카라 – 페와 호수

7일 포카라 – 바라히 사원 – 스와얌부나트 사원

8일 카트만두 – 파슈파티나트 사원 – 트리부반 공항 – 인천공항

차
례

첫째 날

첫째 날

어떤 인연은 한 번 들이켠 공기가 몸속을 돌고 나와 허공에 흩어짐과 동시에 사라지
기도 하고, 어떤 인연은 죽을 때까지도 가슴에 안고 가야 하는 운명처럼 존재한다.
네팔로 가기 위해 경유했던 방콕이 맺어준 찰나의 연緣조차도 나에겐 의미 있는 시간
이 되었고, 비록 하룻저녁에 불과했지만 방플리에서의 밤은 식지 않는 열기와 함께
카트만두로의 여행길을 이어주었다.

설 렘

오전 열한 시 인천공항에 도착했다.

항상 느끼는 것이지만 여행을 떠날 때면 여지없이 가슴이 설렌다.

보안 검색대와 게이트를 통과해서 셔틀 트레인으로 이동한 끝에 비행기에 올랐다. 게이트를 통과해서 탑승까지 대략 20분가량 걸린다. 이러한 과정도 모두 설렘의 연속이다.

이륙하기 전엔 늘 승무원이 통로에 서서 비상구 위치, 비상시 대처 방법 등 안전수칙을 설명한다. 그리고는 시트를 바로 세웠는지, 벨트는 체결했는지, 선반 덮개는 잘 닫혔는지, 승객들의 이상 유무는 없는지 살핀다.

바다나 호수에 비상 착륙시에는 시트 앞에 있는 구명조끼를 꺼내 위에서부터 걸친 다음 양쪽 끈을 잡아당기면 부풀어 오르는데, 이때 좌우에 하나씩 있는 공기 주입구를 통해 입으로 공기를 보충해주면 된다며 직접 행동으로 보여주기도 한다. 그런데 솔직히 구명조끼가 좌석 어디쯤 있는지 모르겠다. 비상시에 쉽게 착용할 수 있을지 확인하고 싶지만 그랬다간 승무원에게 혼날 것 같아 매번 체념한다.

안전수칙은 대충 외울 만큼 여러 번 들어서 안다고 자부하지만 그것만도 아니다. 실제로 비상 상황이 발생했을 때 과연 몇 명이나 구명조끼를 착용할 수 있을지 의문이 들었다.

비행기가 서서히 고도를 높여 8,000m에 이르렀을 때 조종사의 신호에 따라 승무원의 서비스가 시작됐다. 음료며 간식이며 식사에 관심이 없다면 그냥 장시간 눈을 감고 있어도 되겠지만 거부할 수 없는 매력에 이끌려 핸드폰에 미리 저장해간 영화를 보며 틈틈이 제공하는 음식료를 즐겼다.

대중교통을 이용해서 장거리 여행을 할 때도 그 시간이 아까워 글을 쓰거나 책을 읽고 수첩에는 언제나 여분의 메모지와 펜이 색깔별로 준비되어 있는데 방콕에 도착할 때까지는 한 번도 꺼낼 일이 없었다. 영화 한 편 보고, 잡지를 넘기면서 멋진 사진도 보고, 바다 건너 이국에서 펼쳐질 일들을 상상하다 보니 어느새 창밖으로 건물의 지붕들이 나지막하게 다가오고 있었다.

인천국제공항

영종도와 용유도 사이를 매립하여 1992년 11월 착공해 8년 4개월 만인 2001년 3월에 총 사업비 미화 56억 달러가 투입되어 2001년 3월 29일 개항하였다. 여객터미널은 체크인 카운터가 270개, 여권 심사대 120개, 보안 검색대 28개, 출발 여객 처리 용량은 시간당 6,400명이다. 관제탑은 지상 22층 높이의 100m이며, 활주로의 시정거리가 50m인 상태에서도 항공기의 착륙이 가능하도록 계기 착륙 시설과 표지 시설을 갖추고 있다. 2단계 공사가 마무리되는 2020년 이후에는 활주로가 다섯 개로 증대된다. 규모는 114만 6,000㎡, 여객은 1억 명, 화물 처리 능력 1,000만톤, 운항 횟수 연 74만 회로 증대될 것으로 예상된다.

(인천국제공항, 2016, 공사 소개 http://www.airport.kr)

방콕의 방화동 **방플리**

네팔 카트만두Katumandu로의 첫 여정은 방콕을 하룻밤 경유하는 코스다.

태국 수완나품 공항Suvarnabhumi Airport에서 10여 분 거리의 사뭇쁘라칸에 위치한 숙소까지는 호텔에서 제공한 차량으로 픽업해줘서 어렵지 않게 도착했다.

방콕을 말할 때면 황금빛으로 빛나는 사원과 어슬렁거리는 코끼리 이미지가 떠오르는데, 관광지가 아닌 공항 인근의 공장과 주택이 밀집한 방플리는 서울의 방화동 분위기를 연상시켰다.

굉음을 내며 오가는 차량과 좁은 도로를 끼고 있는 시장 앞에 늘어선 즉석 먹거리 사이를 느리게 걸으면서 현지의 이런저런 풍경과 물건을 훔쳐보는 재미가 쏠쏠하였다.

사람들의 통행이 잦은 널찍한 길에는 번호들을 걸어놓은 벽판 앞에 오토바이택시Motorcycle Taxi '랍짱'들이 줄지어 차례를 기다리고 있었다. 대체로 대중교통을 이용하기 어렵거나 좁은 길로 가야 할 때, 혹은 시간 여유가 없을 때 빨리 가기 위해 이용하는 교통수단이다. 또한 관광객이 시내 곳곳을 둘

러보기 위한 교통수단으로 트럭을 개조해 만든 썽태우를 이
용하기도 한다.

오토바이택시 랍짱

오토바이택시는 허가를 받아 운행되는데 운전자는 주황색 조끼(지역에 따라 보라색, 파란색 조끼)를 착용하고 손님을 기다린다. 탑승 손님은 오토바이에 준비되어 있는 헬멧을 착용해야 한다.

처음 1km 구간은 25바트, 1km 추가마다 5바트가량 한다. 외지인에게는 정해진 요금보다 비싸게 부를 때가 있어서 이용 전에 확인하거나 흥정을 해야 할 때도 있다.

길거리 음식

글로벌 시대인 지금은 세계 어디를 가나 외국인을 보는 것은 어렵지 않은데도 막상 눈에 띄면 신기한 모양이다. 여행하다 보면 일부 몰지각한 사람의 행태로 인해 눈살을 찌푸리게 되는데, 남을 배려하고 예의 바르게 행동하는 것은 선택이 아니라 기본적으로 갖추어야 할 소양과 덕목이다. 그렇기에 여행 중에는 행동거지에 특히 조심해야 할 일이다.

4월 말경의 태국은 우리나라의 6월만큼이나 덥다. 반바지에 슬리퍼를 신고 모자를 푹 눌러썼지만 이방인의 티를 숨기기에는 부족했다.

먹거리를 조리하는 수레가 줄지어 있어서인지 음식 냄새가 길거리에 진동했다. 자동차의 매연과 먼지에 뒤섞여 달콤한 맛, 매운맛, 기름진 맛, 카레 향 등이 날아다녔지만 사람들은 개의치 않고 잘도 사서 먹었다. 영등포역 앞에서 시장으로 이어지는 길목이나 인사동 골목, 또는 지방 출장 때 길에서 흔히 보았던 것들이지만 한 번도 먹어본 적이 없는 길거리 음식인데 그 모습에 용기를 얻어 몇 가지 먹어보았다. 길을 걷다 말고 마트 앞에서 과일 조각을 하나씩 집어 먹고는 '맛있다' '달다' 말하며 방콕의 길가에서 서슴없이 사서 먹는 나 자신이 의아스럽게 보이기까지 했다.

길거리에 서서 맛있게 먹는 우리 일행을 보고 현지 주민이 지나가며 빙긋이 웃는다. 나도 따라 웃어주었다.

호텔을 나와 여러 가지 독특한 맛을 즐기길 잘했다는 생각이 들었다.

이것저것 꽂아서 숯불에 구워 파는 것인데 그중에서 갓 구운 닭고기는 입에 쫀
득하게 달라붙었다.

오목하게 파인 넓적한 철판에 기름을 두르고 달걀을 부친 후에 바나나를 잘게 썰
어 얹은 다음 연유를 발라 둘둘 만 것으로 달짝지근했다. 연유 대신 과일 재료나
초코시럽 같은 소스를 묻혀 먹기도 한다.

작은 비닐봉지에 파파야, 그린망고, 수박, 파인애플, 망고 등의 과일을 조각내서
담아준다. 우리의 여름나기 음식 중 꿀이나 설탕을 탄 물을 뺀 화채를 닮았다.

진한 고깃국물에 돼지 곱창, 닭고기, 어묵, 두부 등이 들어간 태국식 쌀국수다. 면
의 굵기와 고기 종류를 고를 수 있고 팍치(고수)가 들어가 특이한 맛을 내며 국
물이 고소하다.

중국 홍콩의 딤섬 슈마이로 만두같이 생겼다. 딤섬 중에 만두같이 생긴 것을 카놈
집이라 하고 호빵같이 생긴 것을 사라바오라고 한다.

태국인이 다양하게 즐기는 바나나를 껍질째 숯불에 올려 노릇하게 구운 것이다.
코코넛 크림과 설탕 또는 팜 슈가 캐러멜 소스를 발라 먹기도 하는데 미리 잘라서
꼬치에 꽂아 굽거나 통째로 구워 잘라서 먹는다.

달구어진 철판에 코코넛 밀크를 넣은 반죽을 부어 구운 음식인데 붕어빵 같은
태국식 풀빵이다.

겁（인연）

지금 닭고기를 구워 파는 남자는 언제부터 꼬치를 팔았고 앞으로 언제까지 꼬치를 구울까, 남편과 함께 국수를 마는 여자는 언제까지 국수 마는 일을 계속할까, 나는 언제 또다시 이 거리를 걸을까 하는 생각이 문득 들면서 겁劫이라는 시간을 떠올렸다.

꼬치를 구워 파는 남자는 내가 만나기 전부터 장사를 해왔고, 국수를 마는 여자는 내가 찾기 전부터 남편을 도와 일을 해왔다. 내가 이 거리에 오지 않았더라도 그들은 오늘도 꼬치를 팔았을 것이고, 국수를 말았을 것이다. 원인原因을 제공한 남자와 여자는 스치는 연분緣分으로라도 그들이 만든 음식열매果을 내게 제공했다. 나는 그 대가결과果를 지급했다. 남자와 여자 그리고 나는 동일 시간대에 특정한 장소에서 만나게 되어 있었다면 억지일까.

우리는 하루에도 무수히 많은 사람과 무의식적이거나 무관심으로 스쳐 지나간다. 그런 만큼 살아온 곳도 아닌 타국에서 길거리 음식 하나 무심히 사 먹으면서 물건 파는 사람과 43억 2천만 년의 500배나 되는 인연으로 만났느니 어쩌니 하는 것은 분명 이해 불가한 억지일 수 있다. 아니, 가로수의 가지 끝에 매달린 이파리 한 장을 살짝 스치고 지났을 뿐인데 그것도 인연이라며 일찰나에 가치를 부여한다는 것 자체가 무의미하다.
그러나 비록 한순간에 만났다가 헤어지더라도 인연이란 운명과도 같은 것이라고 믿고 싶다. 어떤 인연은 한 번 들이켠 공기가 몸속을 돌고 나와 허공에 흩어짐과 동시에 사라지기도 하고, 어떤 인연은 죽을 때까지도 가슴에 안고 가야 하는 운명처럼 존재한다. 전자는 찰나刹那, 75분의 1초의 인연이고, 후자는 영겁永劫, 영원한 세월의 인연이다. 찰나의 인연이든 영겁의 인연이든 누구에게나 다 소중한 의미를 지닌다. 순간순간이 모이고 이어져서 나를 지탱하고 사물의 중심이 되는 핵으로 존재하기 때문이다.

힌두교에서 겁파劫波, kalpa라고도 하는 시간의 단위인 1겁은 43억 2천만 년이다. 그 길이를 잡아함경雜阿含經에서는 사방과 상하로 1유순(由旬: 약 15km, 40리)이나 되는 철성鐵城 안에 겨자씨를 가득 채우고 100년마다 한 알씩을 꺼내서 전부 다 꺼내도 겁은 끝나지 않는다고 본다.

억겁億劫과 영원永遠: 겁劫은 찰나의 반대말로, 인간이 상상할 수 있는 가장 긴 시간의 단위를 말한다. 인도말 칼파Kalpa를 한자로 옮긴 것이다. 한 세계가 만들어져서 존속되다가 파괴되어 무無로 돌아가는 한 주기를 겁劫이라 한다. 다시 말해 천지가 한 번 개벽開闢한 뒤부터 다음 개벽할 때까지 걸리는 시간이다. 겁劫에 대한 비유는 매우 많다. 선녀가 사방 사십 리에 걸쳐 있는 돌산을 100년에 한 번씩 내려와 비단 치마를 스쳐 그 바위가 다 닳아 없어질 때까지 걸리는 시간이 1겁이다.

억겁億劫은 그 겁이 다시 1억 번이나 포개진 것이니 도무지 말로는 설명할 수 없는 시간이다. 달리 아승기겁阿僧祇劫이라고도 한다. 아승기Asamkhya는 무수無數의 뜻이다. 굳이 숫자로 나타내면 10의 64승이고, 갠지스 강의 모래알 수를 의미하는 항하사恒河沙의 1만萬 배에 해당하는 시간이다.

영원永遠은 글자 그대로 풀면 길고 아득히 먼 시간이다. 억겁처럼 실감 나는 비유는 아니지만, 따져 헤아리는 것이 무의미할 만큼 긴 시간을 가리킬 때 쓴다.

(정민, 2011, 「살아있는 한자 교과서」 제1권 <생활과 한자>. 휴머니스트)

기다림이란

작은 소리에 놀라
가슴 졸이더라도
한 번만
네 발자국 소리 듣는 것이다

슬그머니 다가오다
그냥 지나치더라도
한 번만
네 얼굴 보는 것이다

네 얼굴 보는 순간
참았던 꽃봉오리를
속살째
확 터뜨리는 것이다

(2007년 3월)

어느 날 지방 출장을 가서 일찍 일을 마치고 귀가하다가 멀리 한적하고 예뻐 보이는 풍경에 이끌려 방향을 틀어 들어간 적이 있다. 길은 좁았고 눈에 차는 것들은 아늑해 보였다. 막다른 길에 차를 세우고 거기서부터는 오솔길로 걸어 들어갔다.

영화 <쇼생크 탈출>의 후반부에 레드(모건 프리먼 分)가 커다란 나무 밑에서 앤디(팀 로빈슨 分)가 숨겨놓은 편지와 돈이 들어있는 보물상자(사각 양은도시락)를 찾는 장면이 나온다. 오솔길은 풀과 이끼가 낀 영화 속의 돌담으로 이어지는 모습을 닮았다. 길이 끝나는 부분부터는 완만한 언덕으로 이어졌다. 언덕 아래에는 자세히 보지 않으면 그냥 지나칠 수 있는 작고 하얀 별꽃이 무리를 지어 피었다. 한동안 꼼짝 않고 허리를 숙여 꽃과 눈을 맞췄다. 서로 바라보고 있는 동안에 꽃도 나도 활짝 피었다.

그냥 뒤돌아올 수가 없어서 시 한 편에 담아왔다. 2013년부터 최근까지 서울 지하철 9호선 등촌역과 신목동역의 스크린도어에 게시됐던 「기다림이란」이라는 시다.

앙증맞은 꽃과 나는 그렇게 찰나의 인연을 맺었다. 그리고 또 어떤 막다른 길에서 만나게 될 필연을 기다리는 마음으로 영원히 살 것처럼 살고 있다.

한 번은 만나지 말아야 할 사람을 만난 적이 있다. 만나는 동안에는 영원할 것 같았던 그와의 인연이 한순간에 악연으로 끝났다. 그때 입은 상처를 여전히 몸에 지니고 산다. 영원할 듯싶은 것은 또 있다. 바로 '내 것'이라고 하는 물건들이다.

인연이란 만남이 있기에 이별도 따르게 마
련이다. 그중에는 큰마음 먹고 작별을 고해
야 하는 것도 있는 법이다. 처음에는 영원할
것 같았던 만남이 한순간에 사라지는 반면
에 사라졌던 것(버린 것)이 별안간 다른 모
습으로 나타나 내 인생에 반려자가 되기도
한다. 이렇듯 각자의 인생은 발전을 거듭하
지만 반복된 일상의 연속이다. 일상에서 반
복되는 것 중 웬만한 의지로는 해결되지 않
는 것(잘 버려지지 않는 것)을 시로 지은 것
이 있다. 「곰비임비」이다.

아무거나 함부로 취득하지도 않지만 어쩌
다 내게 생긴 것은 (특히 정이 든 것은) 쉽게
버리지 못하는 성미다 보니 어떤 것은 내 곁
을 떠나려 하지 않고, 어떤 것은 차마 보낼
수가 없다. 그러면서도 주변의 물건들로부
터 조금이라도 더 자유로워지기 위해 틈틈
이 정리하는 일을 되풀이하는데 잘되지 않
는다. 그 이유는 과감하지 못하기 때문이다.
매번 정리하면서도 나중에 보면 정작 버려
야 했던 것이 그대로 남아있고, 설사 버렸다
고 해도 새로운 물건이 빈자리를 대신 메우
곤 한다.
그래서 어떻게 하면 잘 정리하고 사는 것인
지 늘 갈증이 난 속내를 풀지 못하고 지내오

곰비임비

쓸모없게 된 것들을 버리기 전에
정말 쓰임새가 없을지
곱씹었다. 그러면 내쳐질 위기에 처한
세간붙이는 물론 어령칙한 것들까지
남은 미련을 떨치고
물러날 채비를 하는 것이었다
겉으로는 그렇게 보였다
버리면서 살자
줄이면서 살자
무시로 다짐하였건만 둘러보면 껌딱지처럼 들러붙어서
먼지 뒤집어쓴 유령의 몰골로
꼭꼭 숨어 지내는 것들
얼추 내친 줄 알았는데
가면 쓰고 들어와 나보란 듯이
앞자리 차지하고 눌러앉은
뻔뻔한 것들

(2008년 7월)

다가 한 권의 책 1)에서 해답을 찾게 되었다.

"물건을 버릴 수 없는 성격은 존재하지 않는다. 단지 스스로 버릴 수 없다고 믿을 뿐이다. 왜 버리지 못하는지 명확히 알고 있다면 머지않아 버릴 수 있게 된다. 버릴 수 있는지 없는지는 성격에 따라 결정되는 것이 아니다. 그저 버리고 비우는 기술이 미숙할 뿐이다. 버리는 습관 대신 버리지 않는 습관을 익혔을 뿐이다." 2)

"사실 버리는 일 자체는 시간이 얼마 걸리지 않는다. 첫째 날은 우선 쓰레기를 버린다. 둘째 날은 책과 CD를 중고 서점에 내놓든지 해서 처분한다. 셋째 날은 가전제품을 버리고 넷째 날은 큰 가구들을 대형 폐기물로 처리한다. (이런 식으로 하면) 아무리 물건이 많아도 일주일이면 전부 버릴 수 있다. 실제로 버리는 작업보다는 물건을 버리기로 결심하는 데 시간이 걸린다. 버리는 일은 정말이지 '기술'이다." 3)

저자는 "버림으로써 시간, 공간, 수월해진 청소, 자유, 에너지 등 얻는 것이 무한하다"고 말하면서 우리가 버리지 못하는 이유를 '버릴 수 없는 게 아니라 버리기 싫을 뿐'이라고 일축한다. 그러면서 '지금 당장' 버리라고 한다. 그 이유는 "안정된 후 시간이 생겼을 때 버리겠다는 마음이라면 영원히 버리지 못한다. 버리는 것이 모든 일의 시작이기 때문이다"라고 설명한다.

공감이 가는 말이다. 읽으면서도 "그래, 맞아. 그런데 왜 실천이 어려운 걸까" 하고 또 자문하게 된다. "지금 당장"이라고 부추기는데.

사람이 됐든, 물건이 됐든, 기억이 됐든, 내게 또는 나로 인해서 운명되어지는 이승에서의 찰나와 영원은 참으로 보잘 것 없으면서도 반면에 큰 의미를 지니기도 한다. 인간의 수명이 정해진 만큼 세상에 잠깐 편승해 살다 가는 것이라서 찰나가 영원이고, 영원이 찰나에 불과할 수도 있는 게 인생이다. 그러고 보면 세상만사 어느 것 하나 하찮게 볼 인연이 없으니 매사에 올바른 가치관으로 참인생을 살아가도록 해야 한다.

네팔로 가기 위해 경유했던 방콕이 맺어준 찰나의 연緣조차도 나에겐 의미 있는 시간이 되었고, 비록 하룻저녁에 불과했지만 방플리에서의 밤은 식지 않는 열기와 함께 카트만두로의 여행길을 이어주었다.

---

1) 사사키 후미오가 짓고 김윤경이 옮긴 『나는 단순하게 살기로 했다』(비즈니스북스, 2015)
2) 「버릴 수 없다는 생각을 버려라」 p.97
3) 「버리는 것도 기술이다」 p.98

둘째 날

둘째 날

카트만두는 어느 도로든지 차와 사람과 오토바이가 뒤죽박죽되어 서로 먼저 가려고
난리였다. 그런 와중에 갑자기 자전거가 뛰어들기도 하고 좀 한산하다 싶으면 길가에
큰 개가 누워있는 것이 보였다. 주인 없이 어정거리는 소는 시내든 지방도로든 어디
서나 쉽게 눈에 띄었다.

여행을 떠나기 전에 몇 가지 네팔에 대한 기본적인 조언을 인터넷을 통해 알아보았다. 경험해보니 그 정보들은 대체로 정확했다. 반면에 경험 제공자의 글은 그 사람의 눈으로 보고 느낀 것을 자신의 관점에 따라 기술한 것이기 때문에 똑같은 것을 봤다고 하더라도 내가 보고 느낀 것과는 다소 다른 부분도 있음을 확인하게 됐다.

네팔은 어떤 나라인지 그 역사·문화·정치·경제·치안·정세·교류 관계·국민소득·출입국 안내·비자·기후 등에 대해서는 외교부 사이트의 '네팔의 역사 개관'과 주네팔 대사관 사이트 '네팔 약사' '네팔 알기' 등에서 상세하게 잘 설명하고 있었다. 이 자료가 많은 도움이 되었다. 네팔이라는 나라에 대한 기본 정보가 궁금하다면 먼저 외교부에서 제공하는 자료를 살펴본 후 주변에서 얻을 수 있는 정보들을 종합적으로 참고하면 된다. 아쉬운 것은 네팔 여행에 대한 가이드북 같은 여행 도우미 관련 서적이 인기를 독차지하는 나라와 도시에 비해 찾아보기 어렵다는 점이다.

CHINA
TIBET
ALAYA
ANNAPURNA
Conservation area
AUSTRALIAN CAMP
UNG
POKHARA
PHEWA
MOUNT EVEREST
KATHMANDU
BUTAN

1) 루피Rupee
인도, 파키스탄, 스리랑카,
네팔의 화폐 단위.

2) 빠이사Paisa
인도·파키스탄·네팔의 동전.
100빠이사 = 1루피
1루피 = 스리랑카 100센트

3) 비렌드라 왕은 네팔인들에게 왕 이상
의 존재이다. 네팔에서는 비렌드라 왕을
힌두교의 3신인 시바(Shiva, 파괴의 신),
브라흐마(Brahma, 창조의 신), 비슈누
(Vishnu, 우주 구원의 신) 중 비슈누 신
의 화신으로 믿고 있다. 그런데 2001년 6
월 1일(현지 시간) 저녁에 왕궁에서 왕세
자의 결혼을 논의하는 도중 격분한 왕세자
디펜드라가 당시 국왕인 부친 비렌드라와
가족을 총으로 사살하고 자신도 자살했다.
부친이 자신의 결혼을 반대한 때문이라는
설이 있다.

1. 공식 화폐

공식 화폐인 루피Rupee 1)와 빠이사Paisa 2)를 사용하는데 달러
로 준비해간 뒤 현지에서 환전하는 것이 일반적이고 일부 호
텔과 상점에서도 달러를 취급한다. 실제로 카트만두 시내, 특
히 타멜 지구와 포카라 레이크사이드의 페와호수 호텔 주변
에는 사설 환전소가 밀집해 있었다. 한화 1만 원은 908루피이
다. 대략 한화 10,000원은 1,000루피인 셈이다.

신권 지폐에는 에베레스트 산이 그려져 있고 2, 5, 10, 20, 50,
100, 500, 1000루피권이 있다. 비렌드라 국왕3) 사진이 들어있
는 것은 구권인데 점차 사용하지 않을 예정이라고 한다. 아
마도 2006년에 왕정을 폐지하고 연방공화정이 되면서 국왕
사진이 들어있는 구권을 신권으로 바꿔가는 추세인 것 같았
다. 물건 구매 과정에서 이 지폐들을 전부 사용해봤지만 동
전은 하나도 구경하지 못했다. 사원 앞 기념품 판매점에서
옛 동전과 함께 현 통용 동전인 1루피와 2루피권을 포함해
서 한 세트로 묶어 1달러에 판매하고 있었다. 우리나라도 1원
짜리와 10원짜리 동전은 아예 구경하기가 어렵기는 마찬가
지이다. 현존하는 통화 단위이기는 하지만 실제로 거스름돈
으로 활용되는 예는 없는 상황이다. 금액이 커질수록 지폐의
크기도 커지고, 금액에 따라 색이 다른 것은 세계 여러 나라
의 경우와 같다.

2. 사용 전압

사용 전압은 220V, 주파수는 50Hz이다. 정밀한 기계를 사용
할 때는 오작동 발생을 주의해야 한다. 정전 상태에서 전기
가 공급되면서 갑자기 과전류가 흘러 전자제품이 손상될 수

있기 때문이다. 그래서 사용하지 않을 때는 콘센트에서 빼둬
야 한다. 실제로 전기 사용은 해가 진 이후 밤 10시경부터 가
능했다. 이때 빨리 배터리 등을 충전해야 하는데 진기가 공
급될 무렵에 배터리 전원을 콘센트에 연결했다가 퍽 소리에
놀랐으나 다행히 기기 성능에 영향을 주지는 않았다. (2016
년 12월 현재 네팔의 장관이 교체되고 나서 제한적으로 공급
하던 전기 사정은 훨씬 좋아졌다고 한다.)

3. WIFI

가는 곳마다 대체로 와이파이를 사용할 수 있었다. 다만 주
인이나 관계자에게 일일이 와이파이의 비밀번호를 물어봐
야 했다. 가족과 회사와의 소통은 이때만 가능했다.
인터넷을 사용해야 한다면 카트만두, 포카라 등 주요 도시의
PC방을 이용하면 된다. 특히 타멜 지구에는 초고속 인터넷
과 무선 인터넷을 늦은 시각까지 영업하는 곳이 있다고 하는
데, 요즘은 핸드폰으로도 메일 확인과 발송이 가능하기 때문
에 여행지에서까지 컴퓨터로 인터넷 사용을 할 일이 있을지
의심스러웠다. 급한 업무 내용은 핸드폰으로 간단히 메일을
작성해서 발송했다.

4. 치안 상태

치안 상태는 양호한 편이다. 한국 또는 일본과 같이 그다지
위험성은 느끼지 못했다. 다만 소매치기 등 소지품을 노린
범죄는 잦은 편이니 주의하라고 이르지만 그것은 어느 나라
어느 곳이나 다 마찬가지이다. 여권을 잃어버리면 대사관을
찾아가야 하는데, 네팔에는 북한 대사관이 상주해 있어서 대
한민국 대사관과 혼동하지 말아야 한다.

네팔 약황

● 일반 사항

국가(지역)명 : 네팔연방민주공화국

(The Federal Democratic Republic of Nepal)

수 도 : 카트만두(Kathmandu, 인구 220만 명)

면 적 : 147,200㎢(한반도의 2/3)

언 어 : 네팔어

인 구 : 3,155만 명(2015)

인 종 : 아리안족(80%), 티베트 · 몽골족(17%),

기타 소수 민족(3%)

종 교 : 힌두교(87%), 불교(8%), 이슬람교(4%)

시 차 : 한국 시간 −3:15

● 정치 현황

- 정부 형태 : 내각책임제(총리가 행정 수반)
- 의회 구성 : 양원제(총 334석) 상원 59석, 하원 275석

※ 제헌의회 의원(601석, 단원제)은 2017년 10월 잔여 임기

종료 때까지 의원직 유지

● 경제 현황(2014)

- GDP : 196억 달러
- 1인당 GDP : 763달러(2015)
- 경제성장률(GDP) : 3.04%
- 교역 : 85.5억 달러(수출 : 8.5억 달러, 수입 : 77억 달러)
- 산업 구조 : UN 지정 최빈 개도국으로 경제는 주로 농업과
  관광에 의존

● 긴급 연락처

- 범죄신고 : 100
- 화재신고 : 101
- 앰불런스 : +977-1-4228094, 4211959, 4230213
- 전화번호 안내 : 197
- 트리부반 국제공항 : +977-1-4473779, 4470311
- 네팔 출입국 사무소(카트만두) : +977-1-4429660,4429659

● 의료기관 연락처

- 네팔 현지의 대부분 병원이 노후하고 위생 상태가 좋지 않지만
  간단한 수술과 약품 구입은 가능하다.
- 현지 의사들의 경우는 대부분 영어 사용이 가능하므로 영어로
  진찰 및 약품 처방을 받을 수 있다.
- 의사들에게 처방을 받고 주변 약국에서 약을 구입할 수 있다.
- 현지 종합병원 연락처
  - 노르빅 Hospital : +977-1-4258554
  - 티칭 Hospital : +977-1-4412303, 4412505
  - 파탄 Hospital : +977-1-5521034, 5521048
  - CIWEC CLINIC Hospital : +977-1-4424111, 4424242

* 외국인에게는 병원비를 현지인보다 비싸게 받는 경우가 있으니
  사전에 요금을 반드시 확인해야 한다.

● 주네팔 대사관 연락처

- 주소 : P.O. Box 1058, Ravibhawan, Kathmandu, Nepal
- 전화번호 : (977-1) 427-7391, 427-0417, 427-0172
- 긴급 연락처 : 98510-33178 / 98510-25228
- 팩스 : + 977-1-4275485, 4272041
- E-mail : konepemb@mofa.go.kr

● 일반 문화

- 네팔에서는 친한 사이든 처음 만나는 사이든 만나고 헤어질 때
  합장을 하며 "나마쓰떼"라고 인사를 교환한다. "나마쓰떼"는
  "안녕하세요, 당신에게 신의 은총이"의 의미를 가지고 있다.
- "나마쓰떼"의 높임말은 "나마쓰까"라고 하며 주로 연장자나 직장
  상사에게 사용한다.

● 민족성

- 지리적 · 민족적다양성등으로네팔인의특성에대하여일반적
  으로말하기어려우나대개예의바르고성실하며인내심이강하고
  유머가 풍부하다고 평가받고 있다.
- 네팔은100여 개 종족과 언어로 구성되어 있어 부족에의 귀속
  의식이 뚜렷하다. 네팔인구대부분은인도−아리안계열이고,
  나머지는 북부 지역, 무스탕의 셀파, 돌파, 로파와 같은 티베트

인과 보티야인, 중부 지역의 네와르, 타망, 라이, 림부,
수누와르,머거르, 구릉족과 같은 몽골리안이다.
· 네팔 왕국을 세운 구루카족은 용맹하기로 유명하고 실제 많은
전투에서 승리하여 전투력을 입증한바 있다. 현재약 4천 명이
영국군 6개 여단에 배속되어 있다.

● 팁 문화
· 호텔포터에게는50~100루피정도,식당웨이터에게는음식값에
봉사료(10%)가 포함되어 있는 경우 지불하지 않아도 되지만
포함되지 않았을 경우 100~200루피 정도 지급한다.
· 일반택시 운전사에게는 팁을 주지 않는다.

● 날씨
· 네팔은 남북으로 150km라는 좁은 폭 사이에 고도 60m부터
세계에서 가장 높은 8,848m까지 구성되어 있어 기후 또한 지역에
따라 아열대성 기후부터 극한 기후까지 존재한다.
· 수도 카트만두의 계절 및 평균 기온
  - 3~5월 : 봄, 20˚C
  - 6~8월 : 여름, 24˚C
  - 9~11월 : 가을, 20˚C
  - 12~2월 : 겨울, 10˚C
  * 6~9월 : 우기

● 교통 정보
· 대중교통
  - 택시에는 검은색 번호판과 미터기가 달렸는데 만약 미터기
  가 고장 이라고 말한다면 다른 차를 갈아타는 편이 낫다. 팁을 줄
  필요는 없지만 기사들이 은근히 바라는 경우가 있다.
  - 대낮에는 미터기 요금대로 주면 되지만 밤에는 50%의
  할증료에 웃돈까지 내야 할 때도 있고 잔돈을 거슬러주는
  일도 드물다.
· 자가 운전
  - 네팔의 도로는 한국과 반대로 좌측 운행이며 대부분의 도로
  에는 중앙선 및 중앙 분리대가 없어 운전할 때 주의해야 한다.

● 여행 관련 현지 관행
  - 관광지인경우외국인에게는호텔숙박료,항공료,입장료,병원
  등의 가격을 현지인보다 비싸게 받는 경우가 있으니 사전에
  요금을 반드시 확인해야 한다.
· 비자 정보
  - 네팔에 도착하여 공항 또는 국경에서 최대 90일까지 입국
  비자(관광비자)를 받을 수 있다.
  - 관광비자 수수료는 15일, 30일, 90일짜리 비자가 각각
  25달러, 40달러, 100달러이다.
  - 이후 1개월씩 체류 연장하여
  최대 연간 150일까지 체류 가능하다.
※ 비자를 연장하지 않고 체류할 경우 출국할 때 불법 체류 기간
만큼의 비자 비용 및 벌금을 계산하여 부과한다.
· 출입국 때 유의사항
  - 면세 규정 한도 내의 담배, 술은 반입 가능하나 마약류, 무기
  류의 반입은 엄격하게 제한되므로 주의해야 한다.
  - 네팔에서 골동품을 반출할 경우 문화재국의 특별 허가가
  필요하다.

외교부
(http://www.mofa.go.kr/국가 및 지역정보/남아시아/네팔/기본정보)
이 글(정보)의 사용은 (외교부, 남아시아 태평양국 서남아태평양과)
의 허락을 받았음

수완나품 공항에서 **경유의 즐거움**

객지에서의 첫날밤은 본래 잠자리에 쉽게 들지 못하는 법이다. 잘 시간을 놓쳐 꼼지락거리다가 어떻게 잠이 들었는지 모른다. 자명종 소리와 함께 일찌감치 일어나 네팔로 가기 위해서 수완나품 공항으로 갈 채비를 했다.

네팔 대사관이 제공하는 정보에 따르면 카트만두에 도착하는 사람들은 대개 델리, 방콕, 싱가포르, 홍콩 등지를 경유해 들어온다고 한다. 우리는 방콕을 경유하는 코스를 선택했다. 마지막 날 카트만두에서 인천으로 귀국할 때도 역시 방콕을 경유했으나 도중에 대만 공항에서 세 시간 체류한 후 타고 왔던 비행기에 다시 올랐다. 여행의 첫날밤과 마지막 날 밤을 방콕에서 지낸 셈이다. 도착과 탑승 수속 시간을 제외하면 약 한 시간 반가량의 여유가 있어서 여행을 마치고 서울로 돌아오던 날은 타오위엔 공항 면세점에 널린 상품을 구경하며 자본주의의 풍족함에 흠뻑 빠져들기도 했다.

정해진 길로만 가는 것은 재미없다. 때로는 일탈을 통해 얻게 되는 흥분과 쾌감은 묘한 매력을 느끼게 해준다. 도를 넘지 않고 경우에 어긋나는 일만 아니라면 슬그머니 정해진 길에서 벗어나는 일만으로도 활력에 보탬이 되어주기도 한다. 비록 여정 중에 정해져 있었다고 해도 환승하는 목적 외에는 없었으므로 이때 살짝 샛길로 빠져 그 나라의 한 지역을 몇 걸음이나마 걸은 것은 덤으로 뭔가 하나를 더 받은 기분을 누리게 해주었다. 그런 의미에서 방플리에서의 주전부리는 평소에 즐기지 않던 행동을 타국의 길거리에서 해봄으로써 해방감을 느끼게 해주었고, 무슨 뜻인지 알 수 없는 간판의 글자들은 그 자체로 예술의 한 형태를 보는 것 같아서 지루하지 않았다. 마찬가지로 한국을 처음 방문하는 외국인의 눈에도 우리나라의 한글 간판은 예술적으로 보일 수도 있겠다는 생각이 들었다.

환승할 때 공항을 빠져나가 외부 숙소에서 묵는 경우가 있으나 공항 안에서 대기하기도 한다. 대체로 공항 내에는 환승객들을 위한 편의시설이 준비되어 있다.

트리부반 공항에서 **공항 풍경**

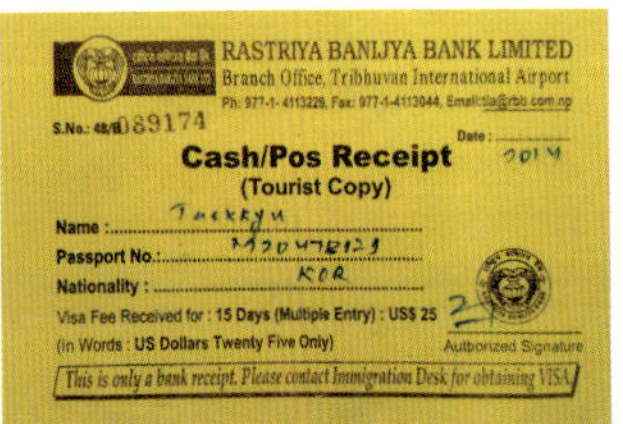

트리부반 공항

트리부반은 20세기 중반 네팔의 왕 이름
이다. 트리부반 공항은 네팔 내 44개 공
항 중 유일한 국제공항이고 도심에서 약
5km 떨어진 거리에 위치한다. 활주로는
한개뿐이다. 공항 청사 모습이 우리나라
의 면소재지 터미널 같은 인상을 준다. 버
스에 올라 청사로 이동했는데 셔틀버스 두
대를 도입한 지 얼마 되지 않는다고 한다.

태국의 수완나품 공항에서 3시간가량 비행해서 카트만두에
있는 트리부반 공항Tribhuvan International Airport에 도착했다. 나
는 공항에서 입국신고서에 정보를 입력하고 사진 1매를 첨
부해서 15일간 비자비 25달러를 내고 관광비자를 받았다.
국내에서 받을 경우에는 주한 네팔 대사관에서 비자를 발급
받을 수 있다.

내가 살던 나라를 벗어나 해외로 나가면 생소한 풍경과 이
질감에 순간적으로 조마조마하고 긴장될 때가 있다. 출입과
출국 수속을 밟을 때가 가장 그렇다. 자칫 잘못해서 돌려보
내지거나 붙잡혀가지 않을까 하는 막연하고 근거 없는 불안
감에 사로잡히게 된다. 전혀 그럴 필요가 없는데도 매번 반
복되는 감정을 겪게 되는 것은 왜일까.

살면서 범죄를 저질렀던 적이 없고 신원에 결격 사유가 있
는 것도 아니면서 출입국 수속을 밟다 보면 '확인하고 있는
것'이 아니라 '당하고 있는 것' 같은 느낌을 받는다. 가방 속
내용물을 확인하고, 소지품 검사를 받고, 신원이 증명되기
까지의 절차는 필요한 절차인데도 살면서 그와 같은 상황에
직면하는 일이 흔치 않은 데다 국경을 넘는 과정에서 느껴
지는 작은 떨림일 수도 있겠다.

트리부반 공항 풍경은 전후 우리나라의 60년대 김포공항 모습을 연상케 해주었다. 검색 장비를 통과시키기 위해 소지품을 넣어 운반하는 바구니가 고무 대야였다. 그나마도 그중엔 테두리에 이가 나가거나 깨진 그릇도 섞여 있었다. 게다가 색이 탈색되어 제각각이고 크기도 달랐다. 일행 중 한 여성은 뒷굽이 높은 신발을 신고 있었는데 공항 직원이 신발도 벗어 검색 장비를 통과시키라 하여 맨발로 검색대를 지나야 했다.

비자를 받아 통과하고 나왔더니 수화물은 질서 없이 놓여 있었다. 컨베이어벨트가 짧아 회전하는 즉시 인력에 의해 강제로 바닥에 내려놓고 있었는데 급하게 내려놓아야 했기 때문이다.

밖으로 나오니 공항 청사 앞 광장은 오후의 햇빛을 그대로 반사하고 있었다. 윤종수 목사와 미놋, 그리고 미놋의 조카인 얼빈이 마중을 나와 있다가 두 손을 모아 "나마스떼"라는 인사말과 함께 '카타'라 불리는 스카프를 일일이 목에 걸어주며 네팔에 온 것을 환영해주었다.

카타

셰르파족Sherpas들 사이에서는 라마승이나 다른 누군가를 방문할 때 경의를 표하기 위해 카타(khata)라 불리는 흰색 스카프를 선물하는 관습이 있다. 누군가와 이별할 때에 카타를 선물하기도 한다. 사찰의 승려가 신도들에게 축원을 빌어주는 데서 유래되었다고 한다. 지금은 일반인들도 여행자나 가족의 축원을 비는 데 사용한다. 우리가 받은 카타에는 청색 바탕과 황금색 바탕에 각종 문양과 데바나가리 문자가 새겨져 있었다.

데바나가리Devanāgari

'데바나가리'는 '성스러운 도시의 것'이라는 뜻이다. 고대 인도의 브라흐미(Brāhmi) 문자에서 유래한 나가리 문자가 발전해서 이루어졌다.

나마스떼

네팔인의 가장 일반적인 인사말은 두 손바닥을 모은 뒤 "namaste!(나마스떼)" 혹은 "namaskar(나마스까)" 라고 말하는 것이다. 두 인사말은 모두 '당신 안의 신에게 인사합니다' 라는 의미의 산스크리트어로 모든 카스트와 계급 사이에서 사용되는 적절한 형식의 인사말이다. 즉 네팔 어디를 가든, 누구를 만나든 상관하지 않고 종교를 떠나 서로 존중하고 안녕을 빌어주는 인사말이다.

네팔 들꽃 트립티

들꽃 트립티 교실 내부

청년 바리스타 교육 수료식

네팔에 지진이 발생하면서 직업 훈련을 위한 시설을 구비하고 청소년과 모자 가정을 훈련하는 사회적 기업을 준비했다. 직업 훈련 과정 교육 시설 마련, 청소년과 모자 가정에 직업 훈련 실시 등 직업 훈련 과정 이수자를 중심으로 자체 카페와 제조 시설을 개설토록 하자는 것이다. 또한 훈련생이 독자적으로 기업을 설립할 수 있도록 지원과 상담을 하고 생산된 제품을 판매 및 수출할 수 있도록 국내외적 네트워크를 구성하여 연결한다는 기획이다.

트립티에서 함께 일하는 재단에서 공모한 '함께 웃는 동반자Smile Together Partnership' 협력 사업으로 해외에 사회적 기업 설립을 지원하는 공모 사업이 있어서 '들꽃 피는 마을'(대표 : 김현수 목사), '네팔 컨선'(담당 : 윤종수 목사) 등과 협의하여 프로포잘을 내어 통과되었다. 이 공모 사업은 매년 3천만 원씩 3년 동안 지원하는 사업이다.

함께 일하는 재단에서는 매년 사업 결과를 심사하고 다음 해 예산을 지급한다. 네팔 들꽃 트립티(대표 : 목탄 미놋)에서는 2016년에 기획한 대로 바리스타 및 로스터, 직조를 위한 교육 시설을 준비하였고 바리스타 교육을 6회 실시하여 총 36명을 배출시켰으며 전원이 취업되었다. 직조기를 꼬빌라홈에 구입 설치하여 현재 봉제 교육을 실시하고 있으며, 옥수수껍질을 이용한 천연 전통 인형을 제작하고 있다. 이밖에 바글룽 지역에 커피 묘목을 재배하여 농부들에게 희망을 심어주고 있다. 2017년 2차 연도에는 카트만두, 포카라, 바글룽 등 3개 지역에 카페를 열고 교육생을 취업시킬 예정이고 마이크로 크레딧 1만 달러로 청소년 자립을 지원할 계획이다.

네팔 들꽃 트립티 미놋 대표

네팔 트립티 미놋 대표는 한국에서 약18년 동안 노동을 하다가 2009년에 강제 추방된 이주 노동자 출신이다. 미놋 씨는 네팔에 귀국하여 '아름다운 커피'를 도와 현지 농장에서 3개월 동안 다큐멘터리를 촬영하도록 도와주었고 지금은 '아름다운 커피'의 이사로 활동하고 있다. 스튜디오, 김치 사랑 등 여러 가지 사업을 시도했던 미놋 씨는 현재 한국고용허가제E.P.S 시험을 준비하는 사람들을 위해 강의하는데 인기가 높다. 그의 한국어 실력은 완벽하다. 한국에서 출간된 고용허가제 시험을 위한 교재를 네팔 언어로 번역해 출판하기도 했다.

미놋 씨는 한국 '아름다운 가게'를 벤치마킹해서 네팔에서 헌 옷을 수집하여 판매하는 NGO 단체로 수가워티를 만들었다. 지진 현장을 방문하여 음식과 모포를 나눠주고 무너진 학교를 지어주는 등 눈코 뜰 새 없이 바쁘게 지냈지만 회원들은 많은 보람을 얻게 되었다. 이처럼 수가워티가 활발하게 움직이게 된 이면에는 미놋 씨가 한국에서 생활하고 경험한 것이 많은 도움이 되었다. 특히 그의 활동이 한겨레신문에 보도된 이후 한국에서도 많은 지원을 받았다.

한국에 체류했을 때 미놋 씨는 밴드 스탑크랙다운의 리더였고, MWTV이주 노동자 방송 대표로서 인기 있는 다문화 강사이기도 했다. 이런 귀한 경험을 살려 미놋 씨는 한국에서 귀환한 네팔 이주 노동 조직인 앙클ANKUL을 만들어 귀환 이주 노동자의 정착을 돕고 있을 뿐만 아니라 네팔 트립치를 통해 네팔 청소년들이 이주 노동을 떠나지 않고 본국에서 뜻있는 삶을 펼치도록 다양한 시도를 하고 있다.

카트만두

네팔의 수도인 카트만두는 네팔의 정치·상업·문화의 중심지이며 풍요로운 문화 예술과 전통을 자랑하는 이국적이고 매혹적인 전시장이다. 타원형 그릇 모양의 카트만두 계곡은 테라스 모양의 녹색 산들로 둘러싸여 있고 붉은색 타일 지붕의 가옥들이 점점이 모여 있다. 전설에 따르면 이 계곡은 예전에 호수로 덮여 있었는데, 문수보살이 지혜의 검을 들어 벽처럼 막고 있는 산을 갈라 길을 내고 물을 모두 빼내 최초의 정착지를 만들었다고 한다.

(유네스코 세계유산, 유네스코 한국위원회 번역 감수)

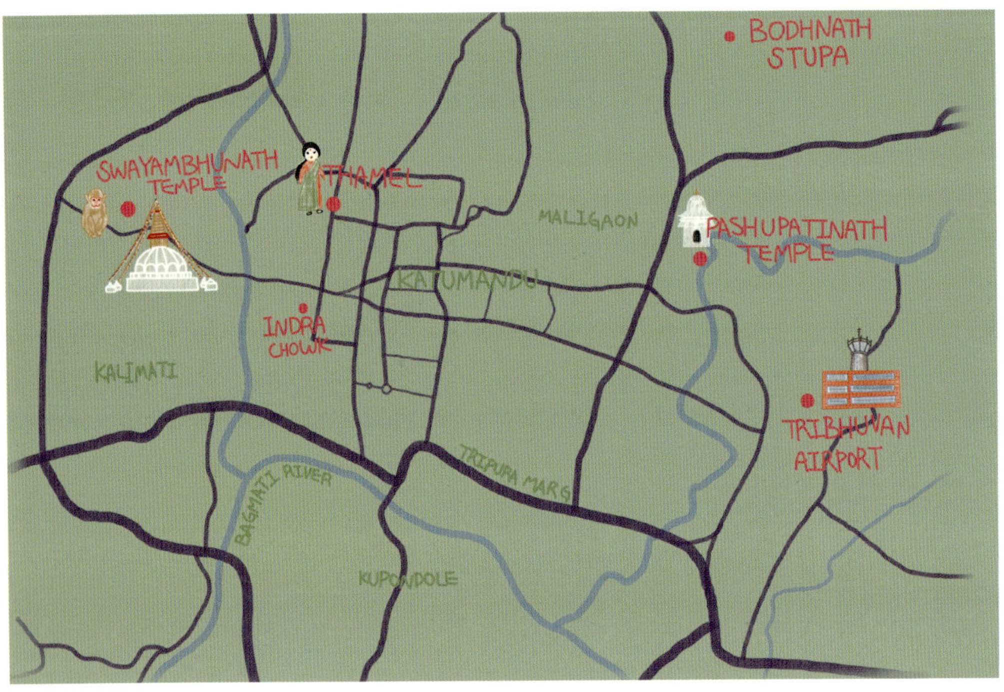

카트만두 계곡Kathmandu Valley

카트만두 계곡의 문화유산은 일곱 그룹의 기념물과 건물 군群으로 나뉜다. 각 군들은 역시적·예술적 성과를 잘 보여준다. 이 일곱 그룹은 1.하누만 도카Hanuman Dhoka의 더르바르 광장 2.파탄Patan의 더르바르 광장, 3.박타푸르Bhaktapur의 더르바르 광장, 4.스와얌부Swayambhu의 불교 스투파, 5.보드나트Bauddhanath의 불교 스투파, 6.파슈파티Pashupati의 힌두 사원, 7.창구 나라얀Changu Narayan의 힌두 사원이다.

　　　카트만두 계곡에는 네팔 내 대부분의 소수 민족들이 살고 있는데, 그중 네와르Newars족은 이 계곡의 찬란한 문명을 만든 토착 원주민이다.

이 지역에 정치 체제가 확립된 것은 1세기 초 키라티Kirati 왕조 시대로 거슬러 올라간다. 뒤이어 3~9세기에는 키차비Kichchhavi 왕조가 다스렸다. 파탄은 점점 확장되어 7세기 말에는 강력한 도시가 되었다. 후에 리차비Lichchhavi 왕이 카트만두 시를 만들었다. 9세기부터 암흑기를 거쳐 14세기에 말라Mallas 왕조가 등장하면서 네팔의 미술과 건축은 황금시대를 맞이한다. 미술과 건축이 발전하면서 밀교 쪽으로 정신적 지향을 보이게 되어 순수하게 불교적이거나 순수하게 힌두교적인 미술을 구분하는 것이 어렵게 되었다. 바드가온Bhadgaon, 박타푸르의 다른 이름 시는 13세기 중엽부터 번성하기 시작하여 거대 수련 센터가 되있다.

18세기 중엽에 카트만두 계곡은 세 개의 왕국으로 나뉘있는데 이들은 경쟁을 통해 예술 표현을 최고 단계로 끌어올렸다. 1769년 외부에서 온 지도자 프리트비 나라얀 샤Prithvi Narayan Shah가 계곡을 정복하여 통일시켰다. 그는 카트만두를 왕도로 삼고 자신이 거처할 하누만 도카 궁을 지었다. 1833년과 1934년에 일어난 두 차례의 대규모 지진으로 계곡이 파괴되었지만 기념물 중 일부는 원래의 재료와 장식을 사용하여 복원되었다.

(유네스코 세계유산, 유네스코 한국위원회 번역 감수)

해발 1,350m **카트만두 첫인상**

환영 인사로 받은 카타를 목에 두른 채 곧바로 렌트 버스에 올라타고 네팔 시내로 향했다. 이제부터 본격적인 네팔 문화를 접하게 되는 셈이다. 비행 도중에 기내식으로 조반을 들기는 했지만 그새 꺼져버린 시장기를 해결하기 위해 먼저 네팔 전문 음식점으로 향했다.

카트만두는 공항에서부터 공해가 심상치 않았다. 도로가 제일 심했다. 트럭에 집중된 저질 경유차들이 뿜어내는 시커먼 매연에 숨이 콱 막혔다. 미리 준비해간 마스크를 꺼내 쓸까도 생각했지만 소용없을 것 같아 그만두었다. 매연만큼 놀라운 것은 교통 체계다. 신호등이 아예 없다. 차선은 종종 끊어졌고 없는 것이나 마찬가지였다. 어느 도로나 차와 사람과 오토바이가 뒤죽박죽이 되어 서로 먼저 가려고 난리였다. 그런 와중에 갑자기 자전거가 뛰어들기도 하고 좀 한산하다 싶으면 길가에 큰 개가 누워있는 것이 보였다. 주인 없이 어정거리는 소는 시내든 지방도로든 어디서나 쉽게 눈에 띄었다. 가만 생각해보니 차선이 없이 신호등만 있다면 오히려 교통 흐름에 방해가 될 것도 같다. 무질서 속에 나름대로 질서가 존재한다. 먼저 진입한 차가 먼저 가도록 기다려주는 편이다. 반면에 사방에서 경음기 소리가 요란하다. 우리나라 같았으면 왜 끼어드느니, 경음기 울리느니, 양보하지 않느니 하루 종일 싸움이 끊이지 않았을 것이다. 그러나 아슬아슬해 보이지만 네팔을 여행하는 동안 사고를 목격한 것은 큰 물류 트럭이 뒤에서 오토바이를 추돌한 것뿐이었다. 신호등이 있어도 무용지물인 것은 전기 공급이 원활하지 않기 때문이다.

차량이 뿜어내는 매연, 사방에서 날아드는 먼지 등에 공기가 좋지 않다 보니 드물게 보이는 교통경찰의 호흡기에도 마스크가 필수다.

그래서일까, 주유소마다 오토바이가 줄지어 서서 차례를 기다
리고 있었다. 어떤 주유소는 20여 대, 어떤 주유소는 100여 대
가량의 오토바이가 도로변에 꼬리를 물고 서서 연료를 채워 넣
기 위해 하염없이 기다리고 있었다. 하지만 누구 하나 조급하게
서두는 표정을 읽을 수 없었다. 이미 오래전부터 익숙해진 것
같아 보였다.

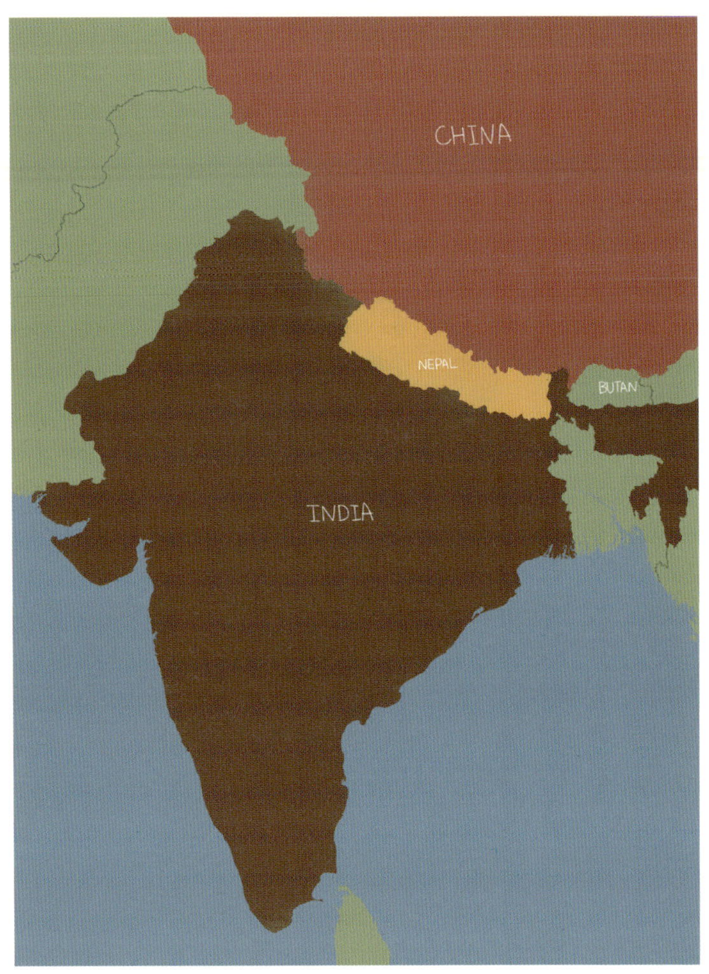

네팔에서 세떼에 연료를 채울 수 없는 이유는 인도에서 석
유를 수입해오기 때문이다. 지도를 보면 알 수 있듯이 네팔
국내에 각종 물자를 들여오기 위해 육로를 이용하려면 반드
시 인도를 거쳐야 한다. 그래서 인도가 국경을 폐쇄하면 석
유·의약품·생필품 등의 물자 공급이 끊긴다. 인도는 네팔의
석유 공급을 정치적으로 흥정하며 수시로 악용하고 있다고
평가한다.

막히는 길을 뚫고 흙먼지 날리는 이면도로를 통해 카트만두
시내에 위치한 식당에 도착하여 네팔식 요구르트와 다양한
커리, 탄두리 치킨 등으로 허기를 채우고 타멜 지구 안에 위
치한 숙소Kathmandu City Hotel 로 옮겨 각자 여장을 풀었다.

2015년 기준 인도, 중국, 네팔의 국토 면적
인도의 국토 면적은 3,287,263㎢(세계 7위), 인구는 1,236,344,631명(세계 2위)이다. 네팔의 국토 면적은 147,181㎢(세계 94위),
인구는 30,986,975명(세계 41위)이다. 국토 면적 기준 네팔은 인도의 4.48%이고, 인구 기준으로 인두의 2.5%이다 비교 자체가
불가능한 편이다.
중국의 국토 면적은 9,596,961㎢(세계 4위), 인구는 1,355,692,576명(세계 1위)이다. 남한의 국토 면적은 99,720㎢(세계 109위),
인구는 51,584,349명(세계 26위)이다. 국토 면적 기준 남한은 중국의 1.04%이고, 인구 기준으로 중국의 3.8%이다. 남북한을 전
부 합해도 국토 면적은 220,258㎢로 중국의 2.3%에 그치고, 인구는 76,435,976명으로 중국의 5.6%에 그친다.
면적과 인구수로 단순 비교했을 때 인도와 네팔, 중국과 한반도의 차이는 엄청나다. 국토 면적과 인구수로 경제력 및 국가 간 경쟁
력을 가늠하는 것은 아니지만 우리나라와 달리 국경을 마주하고 종교와 생활 측면에서 여러 가지로 닮은 인도에 의지하는 네팔 입
장에서는 부딪히는 일이 한두 가지가 아닐 것이다.

네팔의 이태원 **타멜 지구**

트리부반 국제공항에서 약 30분 정도의 거리에 있는 타멜 지구Thamel District는 이태원과 비슷한 인상을 풍겼다. 한편으로는 인사동의 한 부분을 그대로 옮겨놓은 듯한 모습도 보였다. 좁은 길 양편에 대부분 5층 건물이 빽빽이 들어차 있는데 멀리 언제 준공될지 모를 대형 건축물의 뼈대 사이로 산자락이 이어졌다.

타멜은 쇼핑을 위한 거리이므로 세계 각국의 여행객이 이곳으로 몰려든다. 그러나 기대만큼 물건의 종류가 다양하지는 않았다.

골목 구석구석에 각종 기념품점이 다닥다닥 붙어 있었다. 주석과 청동제로 만든 크고 작은 동물 모형과 상징물, 쿠쿠리나 미틸라화 등 민속품, 물소 뼈로 만든 장식품들, 황금빛의 불상과 같은 불교 예술품들, 등산화·트레킹화·슬리퍼·스틱 따위의 등산용품, 팔찌·목걸이·지갑·가방 따위의 네팔 전통 장신구들, 그리고 숄(캐시미어) 전문 취급점이 대부분이었다. 이마저도 해가 지면서 초를 켜놓은 몇몇 상점들 외에는 문을 닫고 술집과 바, 그리고 마사지 가게들만 불을 밝힌 채 손님을 부르고 있었다.

OR2K
Restaurant
THANKA
TREASURE
HIMALAYAN CLUB
www.nepalvacationtrek.com
HOTEL POTALA
B&B / Inn
VEG MO:MO
Restaurant
MAYA
RESTAURANT
AND
COCKTAIL BAR
INTERNET
E-MAIL
PHONE
COLOR PRINT
SIM CARD
LAUNDRY
100
MBN CYBER
KEEP
COOL
AND
ENTER
Mexican Food
Mojito Caipirinha
CMG
KC's
RESTAURANT
BAR
Hot Breads
100

시내 골목 어디든 자유롭게 누비는 택시.
모든 택시의 지붕에는 짐을 실을 수 있다.
실제로 짐 싣고 달리는 택시들을 심심찮게
볼 수 있다.

주로 관광객이 이용하는 사이클 릭샤(세
바퀴의 자전거)

도로는 겨우 차 한 대가 지나갈 정도의 작은 골목들로 이어지는데 접촉사고도 없이 차들이 다니는 것을 보면 탄성이 절로 나올 정도였다. 골목길에는 오토바이와 택시의 통행이 잦았다. 택시는 모닝 크기의 경차 수준이었다. 간혹 자전거 뒤에 2인이 앉을 수 있는 좌석을 만들어놓은 사이클 릭샤도 다녔다.

정액 요금이 아니라서 흥정은 필수다.

인드라초크

타멜 지구에서 더르바르 광장을 지나 15분 정도 더 가면 인드라초크Indra Chowk(초크: 안마당) 재래시장이 나온다. 타멜 지구에서 판매되는 가격보다 다소 저렴하게 상품을 판매하는데 건축물들은 오래된 만큼 목재로 된 문과 창들이 낡아 보였다. 그러나 자세히 들여다보면 오랜 역사를 품은 아름다움과 멋을 품고 있었다. 가게들마다 다양한 무늬의 카펫을 질서 정연하게 걸쳐두었다. 시장 안을 좀 더 다녀보고 싶었지만 날이 어두워지고 전기가 공급되지 않아 일찌감치 철시하는 상점들의 겉모습만 훑어보고 숙소로 돌아와야 했다.

이른 아침의 타멜 거리 풍경

타멜 지구의 뒷골목 풍경

숙소 바로 옆의 천막 아래에서 음식을 팔고 있었다. 한 코너에서는 외국인 커플이 달밧을 먹고 있었다. 약간 시장기가 있었지만 먹거리의 종류를 전혀 알 수 없어서 멀찌감치 바라만 봤을 뿐 이용하지는 못했다.

T H A M E L

달밧은 네팔의 주식이다. 접시 둘레에 흰밥과 반찬이 같이 나
온다. 밥과 반찬은 리필이 된다. 메인 요리는 염소고기와 닭
고기를 들 수 있는데 나는 달밧을 먹을 때마다 매끼 닭고기가
들어간 요리를 먹어서 염소고기 맛은 모르겠다. 닭고기 맛은
우리의 닭볶음탕에 네팔인이 즐겨먹는 커리 맛이 났다.

네팔 사람들은 아침마다 뿌자 의식을 하면
서 하루를 시작한다.

호텔 옆 저소득층 가구가 모여 사는 집
도시의 화려함 뒤에는 어디나 숨겨진 그늘
이 존재하게 마련이다. 강남의 외곽에도 쪽
방과 비닐하우스는 존재하고 영등포와 종
로 숭인동 뒷골목에도 오래된 쪽방촌은 있
다. 내가 묵었던 타멜 지구 안의 호텔 바로
뒤에도 궁핍한 서민들이 모여 살고 있었다.

네팔의 숫자

10루피

50루피

카트만두에 도착해서 제일 먼저 당황스러웠던 것은 네팔의 숫자다.

처음엔 50루피 지폐의 한쪽 구석에 네팔 숫자로 된 50의 5자가 아라비아 숫자의 4를 모양내서 쓴 것과 비슷해서 40루피인지 의아스러웠고, 10루피 지폐의 1자가 아라비아 숫자의 9와 비슷해서 90루피인지 헷갈렸다. 네팔의 숫자 4는 아라비아 숫자 8과 비슷하게 생겼다. 자동차의 번호판과 길거리에 나붙은 전화번호도 대부분 네팔 숫자이다. 그래서 제일 먼저 한 것이 1부터 10까지의 네팔 숫자 익히기였다.

1부터 5까지는 어렵지 않게 외우겠는데 6부터 10까지는 골똘히 생각해야만 겨우 기억이 떠올랐다. 숫자를 셀 일이 있을 때 그 수는 5를 넘지 않은 것이 많았고, 사람을 세거나 오이, 빵, 음료, 기념품 등 물건을 구입할 때 유용하게 사용되었다. 워낙 물건값이 싸다 보니 어떤 장신구 같은 경우는 한 뭉텅이 집어서 흥정했기 때문에 값만 따지면 되었다.

네팔은 아라비아 숫자를 사용하긴 하지만 일상생활에서는 거의 보기 어렵고, 생활 속에서의 각종 표기는 주로 다음과 같이 네팔 문자로 된 숫자를 사용한다.

네팔의 수(1~100)

1	2	3	4	5	6	7	8	9	10
१	२	३	४	५	६	७	८	९	१०
엑	두이	띤	짜르	빠쯔	처	사트	아트	노우	더스
एक	दुई	तीन	चार	पाँच	छ	सात	आठ	नौ	दस
ek	dui	tin	cār	pā͂c	cha	sāt	āth	nau	das

11	12	13	14	15	16	17	18	19	20
११	१२	१३	१४	१५	१६	१७	१८	१९	२०
에가러	바흐러	떼흐러	쪼우더	뻔드러	쇼흐러	서뜨러	어타러	운나이스	비스
एघार	बाह	तेह	चौह	पन्ध	सोलह	सत्र	अठार	उन्नाइस	बीस
egāra	bāra	tehra	chaudha	pandra	sohra	satra	athāra	unnais	bis

21	22	23	24	25	26	27	28	29	30
२१	२२	२३	२४	२५	२६	२७	२८	२९	३०
에까이스	바이스	떼이스	쪼우비스	뻐찌스	처비스	서따이스	어따이스	우넌띠스	띠스
एक्काइस	बाइस	तेईस	चौबीस	पच्चीस	छब्बीस	सत्ताइस	अट्ठाइस	उनन्तीस	तीस
ekkāis	bāis	teeis	caubis	paccis	chabbis	sattāis	atthāis	unantis	tis

31	32	33	34	35	36	37	38	39	40
३१	३२	३३	३४	३५	३६	३७	३८	३९	४०
엑띠스	버띠스	떼띠스	쪼운띠스	뻐잉띠스	처띠스	서잉띠스	어트띠스	우년짤리스	짤리스
एकतीस	बत्तीस	तेत्तीस	चौतीस	पैंतीस	छत्तीस	सैंतीस	अठतीस	उनन्चालीस	चालीस
ektis	battis	tettis	cautis	paĩtis	chattis	saĩtis	athtis	unancālis	cālis

41	42	43	44	45	46	47	48	49	50
४१	४२	४३	४४	४५	४६	४७	४८	४९	५०
엑짤리스	버얄리스	뜨리짤리스	쩌월리스	뻐잉짤리스	처얄리스	섿짤리스	어트짤리스	우년뻐짜스	뻐짜스
एकचालीस	बयालीस	त्रिचालीस	चवालीस	पैंतालीस	छयालीस	सतचालीस	अठचालीस	उनन्चास	पचास
ekcālis	bayālis	tricālis	cawālis	paĩtālis	chayālis	saccālis	athcālis	unancās	pacās

51	52	53	54	55	56	57	58	59	60
५१	५२	५३	५४	५५	५६	५७	५८	५९	६०
에까운너	바운너	뜨리뻔너	쩌원너	뻐쯔뻔너	처뻔너	선따운너	언타운너	우년사티	사티
एकबाउन्न	बाउन्न	त्रिचाउन्न	चउन्न	पचपन्न	छपन्न	सन्ताउन्न	अन्ठाउन्न	उनसट्ठी	साठी
ekaunna	bāunna	tripanna	caunna	pacpanna	chapanna	santāunna	anthāunna	unsatti	sāthi

61	62	63	64	65	66	67	68	69	70
६१	६२	६३	६४	६५	६६	६७	६८	६९	७०
엑서티	버이서티	뜨리서티	쪼우서티	뻐잉서티	처어서티	섿서티	어트서티	우년서떠리	서떠리
एकसट्ठी	बयसट्ठी	त्रिसट्ठी	चौसट्ठी	पैंसट्ठी	छयसट्ठी	सतसट्ठी	अठसट्ठी	उनान्सत्तरी	सत्तरी
eksatthi	bayasatthi	trisatthi	chausati	paĩsatthi	chaisatthi	satasatthi	athsatthi	unānsattari	sattari

71	72	73	74	75	76	77	78	79	80
७१	७२	७३	७४	७५	७६	७७	७८	७९	८०
엑꺼허떠르	버허떠르	뜨리허떠르	쪼우허떠르	뻐저허떠르	처어어떠르	서떠허떠르	어터허떠르	우년어시	어시
एकहतर	बहत्तर	त्रिहत्तर	चौहत्तर	पचहत्तर	छहत्तर	सतहत्तर	अठहतर	उनासी	असी
ekattar	ba:ttar	trihattar	cauattar	paca:ttar	cha:ttar	sata:ttar	atha:ttar	unāsi	assi

81	82	83	84	85	86	87	88	89	90
८१	८२	८३	८४	८५	८६	८७	८८	८९	९०
엑까시	버야시	뜨리야시	쪼우라시	뻐짜시	처여시	서따시	어타시	우년넙베	넙베
एकसी	बयासी	त्रिसी	चौरासी	पचासी	छयासी	सतासी	अठासी	उनान्नब्बे	नब्बे
ekāsi	bayāsi	triyāsi	caurāsi	pacāsi	chayāsi	satāsi	athāsi	unānnabbe	nabbe

91	92	93	94	95	96	97	98	99	100
९१	९२	९३	९४	९५	९६	९७	९८	९९	१००
에까넙베	버얀넙베	뜨리얀넙베	쪼우란넙베	뻔짜넙베	처야넙베	선딴넙베	언탄넙베	우년서여	서여
एकन्नब्बे	बयान्नब्बे	त्रिन्बे	चौरान्नब्बे	पन्चान्नब्बे	छयान्नब्बे	सन्तान्नब्बे	अन्ठान्नब्बे	उनानसय	शत
ekanabbe	bayānnabbe	triyannabbe	caurānabbe	pancānnabbe	chayānnabbe	santānnabbe	anthānnabbe	unānsae	saya

셋째 날

네팔인들이 미간에 찍는 점은 티카Tika 라고 하는 것으로써 요가에서는 신체에 있는
영적 생명력이 모이는 일곱 곳 중 제6 차크라라 하여 제3의 지혜의 눈, 자아 성찰을
가능케 하는 눈을 의미하며 네팔 전 지역 어디를 가나 쉽게 볼 수 있었다.

파탄 더르바르 광장

더르바르 광장. 'Durbar'는 네팔어로 '왕궁'이란 뜻이다.
네팔에는 고대 3왕궁이었던 카트만두, 박타푸르, 파탄 등 세 군데에 더르바르 광장이 있다.

파탄 왕궁 입장권

한때 말라 왕국의 수도였던 파탄 왕궁에 도착했다. 왕궁은 별도의 담이나 철책으로 막아놓지 않아 쉽게 접근할 수 있었다. 어떤 경계 지역을 통해서만 출입할 수 있는 주요 출입구가 있고 거기서 입장료를 받는다면 이해가 되지만 많은 사람이 자유롭게 오가는 광장에서 관리인이 불쑥 나타나 길을 막고 입장료를 받는 게 흥미로웠다.

네팔 시민들에게 왕궁은 우리의 경복궁과 같은, 어쩌면 그 이상의 상징성을 지녔을지도 모른다. 파탄 왕궁이 있는 더르바르 광장 주변에는 사찰이 산재해 있고, 광장에는 주민들이 삼삼오오 모여 이야기를 나누거나 뛰어노는 아이들, 데이트하는 젊은이들로 북적거렸다. 그늘에 앉아 신문을 읽는 사내도 보였다. 타멜 방향에서 접근하는 광장의 초입에 있는 상가들 중에서는 나무를 조각하거나 정교하게 불화를 그리고 있는 장인을 만날 수 있고 광장 한편에는 기념품점이 다닥다닥 붙어 있다. 그 옆 작은 마당에는 손님들이 불러주기만을 기다리머 오토바이들이 줄지어 기다리고 있었다.

말라 왕조는 네팔을 통일하고 목조각을 이용한 건축, 도자기 등의 공예, 카펫 등 생활용품의 문화예술을 발전시켰으나 야크 샤Yakshya Malla 왕이 죽고 그의 아들들이 권력 다툼을 벌여 결국 파탄, 카트만두, 박타푸르라고 하는 세 개의 왕국으로 분열되고 말았다. 18세기 말에 프리트비 나라얀 샤Prithvi Narayan Shah가 다시금 세 개의 왕국을 통합하고 새로운 샤 왕조

Dynasty Shah, 1768~2006를 세우면서 파탄 왕조는 몰락하게 되었다. 나라얀 샤 왕조는 카트만두를 수도로 정했다. 그때부터 네팔의 수도는 카트만두다. 파탄은 몰락했지만 곳곳에 남겨진 유적은 그 가치를 인정받아 유네스코 세계문화유산으로 등재되었다. 그만큼 가치가 더 돋보이는데 따로 울타리를 치지 않아 사람들의 손때에 몸살을 앓고 있었다.
마침 어디선가 피리 등 악기 소리가 들리면서 힌두 의식을 치르는 행렬이 광장을 향해 다가왔다. 화려하게 차려입은 행렬이 가마를 앞세우고 축제 의식을 치르며 지나는 모습을 흥미롭게 바라볼 수 있었다.

힌두 의식을 치르는 행렬

해발 1,400m 파탄 왕궁의 흥망성쇠

해발 1,400m에 위치한 파탄은 '신자의 도시'라는 뜻을 지니고 있으며, 랄리푸르Lalitpur, 박타푸르Bhaktapur, 바드가온Bhadgaon이라고도 불린다. 네와르족의 혼이 담긴 역사의 도시이다. 붉은 벽돌의 건축물이 대부분이다. 그래서 2015년의 지진에 속수무책으로 무너진 건축물이 많다. 왕궁과 사원의 건축물들에서는 정교한 목조각으로 건축된 양식을 쉽게 만날 수 있다. 그러나 이러한 목조각 역시 뒤틀리고 불안한 상태인 것이 많아 시급한 보전 작업이 필요하다.

어디를 가거나 유적과 문화재 등의 볼거리들은 사전에 겉핥기로나마 알아두지 않으면 와닿는 감흥이 적을 수 밖에 없다. 아무런 정보도 없이 가게 되면 꼭 봐야 할 부분을 놓치기 일쑤다. 진짜 중요한 걸 그냥 지나치거나 그게 왜 중요한지 모른 채 입구를 지키는 동물상이나 구경하고 온다면 억울한 일이다. 그래서 나는 떠나기 전에 미리 가야 할 곳과 보게 될 것에 대해 조사하고 방향과 거리까지도 가늠을 해둔다. 그럼에도 불구하고 막상 현지에 도착하면 이게 그것인지, 저게 그것인지, 미리 준비한 자료에 있기나 했던 것인지 미처 떠올리지 못한 채 얼떨결에 지나치는 경우가 허다하다. 파탄 왕궁 일대뿐만 아니라 나중에 가게 되는 다른 사찰과 문화재들이 네팔의 어떤 왕과 관련이 있는지, 유래는 어떻게 되는지, 특징은 무엇인지, 눈여겨볼 것은 어떤 것들인지 미리 알아두면 좋을 일이다.

아무리 오랜 세월에 묻힌 역사도 경우에 따라서는 되풀이된다. 다시 오지 않을 역사일 뿐이지만 분명 존재했던 과거이고 뿌리이기에 소중히 지키고 기억되어져야 한다.

광장 옆 왕궁의 문턱을 넘어서면 바로 안마당이다. 왕궁 안에는 마당이 모두 일곱 개 있었는데 1934년에 발생한 지진으로 네 개가 파괴되었고 현재는 세 개만 남아 겨우 명맥을 유지하고 있었다. 돌로 받친 기둥과 처마 등에 새겨진 섬세한 나무 조각이 화려하다. 불교적 석조물은 많이 보았지만 나무에 부처를 조각하고 부처의 주위에 상징적인 조형을 정교하게 조각한 형태는 파탄 왕궁과 사원에서 처음 보았다.

왕궁은 관리를 제대로 하지 못해 낡고 초라한 모습을 떨쳐버릴 수가 없었다. 궁 안의 화장실은 지독한 냄새가 진동을 했다. 이 역시 물이 귀한 탓으로 돌릴 수밖에 없었다. 한때 왕과 귀족들이 이용하던 광장의 둘레는 각종 기념품점들이 즐비하고, 곳곳에 오토바이들이 점거하고 있으며, 아이들이 뒹굴며 뛰어놀고 있었다. 이제는 시민들의 휴식처로 변모하여 옛 영광의 부스러기 위에서 오가는 사람들의 면면을 살피는 처지가 되었다.

파탄 왕궁 내부

황금 사원

더르바르 광장에는 사원이 많다. 그중에서 네 곳의 사원을 방문했다. 더르바르 광장 북쪽으로 멀지 않은 곳에 자리잡은 황금 사원Golden Temple은 내부로 들어갈수록 신성한 것들로 채워져 있었다.

이 사원은 파탄을 상징하는 불교 사원으로 12세기에 만들어졌다. 지붕이 온통 금빛으로 되어 있어 맑은 날에는 햇빛을 받아 사원의 지붕이 더 눈부시게 빛나기 때문에 황금 사원이라고 불린다. 둥근 지붕 형태를 한 두 개의 건축물로 이루어져 있고, 주변 둘레를 따라 무수히 많은 경통이 설치되어 있으며, 줄지은 경통의 일정한 거리마다 부처가 모셔져 있다. 글자를 모르는 사람들도 탑돌이하면서 이 불경이 새겨진 경통(마니차)을 손으로 돌리면 불경을 한 번 읽는 것과 같다.

경통經筒 - 마니차
불교의 경전이나 경문經文을 넣어서 보관하는 용기. 네팔의 힌두 사원에서는 어김없이 경통을 볼 수 있으며, 하나의 사원 내에서도 한 곳이 아닌 여러 곳에서 흔하게 만날 수 있다.

왕궁과 황금 사원 주변뿐만 아니라 인근에 있는 마첸드라나트 사원Machhendranath Mandir과 마하보우다 사원Mahabouddha Temple의 주변에도 주택, 기념품점, 잡화점, 작은 식당 등이 밀집되어 있었다. 특이한 것은 이런 건축물들이 최근에 지

이진 깃이 아니라 역시를 품은 오래된 건축 물이 대부분이라
는 점이다. 파탄 시절의 많은 건축물이 지금까지도 서민들
의 삶과 함께 숨을 쉬며 공존하고 있다.

황금 사원

이마에 티카를 찍은 사람들

광장의 여러 곳에서 삼삼오오 모여 휴식을 취하는 노인들, 엄마 손을 잡고 지나가는 아이, 데이트하는 연인, 왕궁에서 근무하는 관리자, 상점의 주인 등 직업이나 나이 가릴 것 없이 대부분의 이마에는 붉은 표식을 달았다.

네팔의 국교는 힌두교(80%)로서 힌두교의 사상은 윤회輪廻와 업業, 해탈解脫 의 길, 도덕적 행위의 중시, 경건한 신앙으로 요약할 수 있다. 인간을 포함한 모든 생명체는 그 영혼이 불멸하며 끝없는 윤회Samsara 속에서 존재하는데 전생의 업보Karma에 따라 다른 존재 형태로 계속 옮겨간다고 믿는다.

남녀노소 불문하고 대부분이 힌두교도인 이들의 미간에 찍는 점은 티카Tika라는 것이다. 요가에서는 신체에 있는 영적 생명력이 모이는 일곱 곳 중 제6 차크라라고 하여 제3의 지혜의 눈, 자아 성찰을 가능케 하는 눈을 의미하는데, 이 미간에 찍은 티카는 네팔의 어느 지역을 가나 쉽게 볼 수 있다. 사원에서 기도를 하면 그곳 승려가 찍어주는 물감이다. 그날 제일 먼저 기도한 사람이 집을 나서는 가족의 이마에 찍어주기도 한다. 이 티카를 찍은 사람들이 너무 많은 것을 보면서 역시 네팔 국민은 카르마를 받아들이고 종교와 밀접하게 생활한다는 인상을 받았다.

차크라Chakra
원 또는 바퀴를 의미한다. 인간의 육체와 정신을 하나로 연결하는 에너지의 중심을 나타내며 여러 철학적인 이론과 모델로 존재한다.

네팔인들은 남녀노소를 불문하고 티카를 찍는다.

인명과 문화유산을 가리지 않는 지진

2015년 4월에 발생한 지진으로 인해 왕궁 앞 광장에 우뚝 솟아있던 돌탑 하나도 무너졌다. 육중한 탑의 상단이 바닥에 떨어진 잔해 주위에 노인들이 모여 앉아 쉬고 있었다. 그들과 함께 사진을 촬영하면서 웃는 표정을 짓기는 했지만 왕궁을 돌아보며 마음이 아팠다. 돌과 벽돌 위에 목조각 형태로 축조된 유물들은 대체로 건재한 것처럼 보였으나 자세히 들여다 보면 부분적으로 금이 가거나 깨지고 뒤틀리고 무너진 점을 확인할 수 있었다. 금방이라도 무너질 것만 같은 많은 집들은 손을 댈 엄두도 내지 못하고 굵은 버팀목을 받쳐놓은 상태로 겨우 지탱하고 있었다. 600년의 역사를 지닌 파탄의 궁과 주변의 문화재들은 제대로 관리 되고 있지 않아 매우 안타까웠다. 당사자인 네팔 국민, 특히 카트만두의 시민은 더욱 안타 깝고 답답할 것이다.

네팔 전역에 걸쳐서 해가 진 뒤 몇 시간 동안만 전기가 공급될 만큼 만성적인 전기 부족과 빗물을 모아 부족한 생활용수를 해결하는 판에, 그마저도 건기에는 비어있는 물통을 원망 해야 하는 낙후된 환경에서 무슨 문화재의 복구를 기대하고 산업 발달을 기대하랴.

네팔은 지진 이후에 국가재건위원회 설립에 관한 법령을 발의했다. 하지만 이 법령은 지진 발생 8개월 만인 2015년 12월에야 의회를 통과했다. 정치 세력 간의 힘겨루기에 의해 법안이 처리되지 않고 계류된 까닭이다.

네팔에 지진이 발생했을 때 세계 여러 나라에서는 우리 돈 4조 원 이상의 구호 자금을 지원했다. 이것은 네팔에서 40조 원 이상의 가치를 지닌다. 그런데 이 지원금이 과연 지진 구호를 위한 자금으로 쓰였는지는 모르겠다.

5월 중순 이후부터는 우기가 시작된다고 한다. 복구되지 않았거나 채 완료되지 않은 시설물이 곳곳에서 눈에 띄는데 우기를 잘 넘길 수 있을지, 열악한 도로망의 여기저기가 패이고 무너지고 묻힌 것들에 과연 손을 댈 수 있을지 의문이 들었다.

개인의 유산이 아닌 인류의 유산이란 측면에서 다같이 지켜내야 할 것이 있다. 그것은 인류가 자랑스럽게 보존해야 할 세계문화유산으로 어떤 개인이나 조직 또는 국가가 함부로 파괴하지 말아야 할 일이다. 지신으로 인한 파손은 천재지변이니 어쩔 수 없더라도, IS급진 수니파 무장 세력 이슬람 국가의 공격에 의해 파괴된 이라크 고대 유적 하트라와 수리아 팔미라를 비롯한 고대 유적지의 피해 같은 인위적인 파괴 행위는 너무도 안타까운 일이다. 네팔, 특히 카트만두에 산재한 문화유산의 관리는 네팔 정부에게만 맡길 것이 아니라 세계가 관심을 가지고 지금보다 더 각별히 신경 써서 보존해야 할 숙제라는 생각이 절실하게 들었다.

커피 생산국에시 거피 마시기가 힘들디

더르바르 광장과 파탄 왕궁으로부터 서쪽 골목을 걸으며 사원들을 둘러보고 다시 광장으로 돌아왔는데 목이 마르면서 커피가 마시고 싶었다. 마침 광장 북쪽의 왕궁 외벽에 붙어있는 2층 카페에서 커피를 팔고 있었다. 여행하는 도중에 내 입맛에 맞는 커피를 마신 곳은 여기가 유일하다.

네팔에서도 커피나무가 재배되기는 하지만 커피를 마시기 시작한 것은 20년 정도밖에 되지 않았다고 한다. 시중에 네팔 커피가 있기는 하지만 대중화되지 않았고 원두는 대부분 독일을 비롯한 유럽으로 수출한다. 한국에도 '아름다운커피' '카페 트립티'등 네팔에서 공정무역을 통해 들여온 원두를 사용하는 기업이 있다.

커피 생두는 주로 동부 아프리카, 중남미, 인도네시아 등 후진국에서 많이 생산되고 있다. 이들 지역은 커피 재배에 적당한 기후와 토양을 가진 커피 벨트권에 속한다. 기후와 토양으로 보자면 네팔도 커피 재배에 매우 적합한 지역이다. 하지만 커피 재배 농가가 흔하지 않은 이유는 묘목을 심어봤자 당장 수확할 수 있는 것도 아니고 생계 유지에 별다른 도움이 되지 않는다고 판단하는 데다 정보가 부족한 때문이다. 커피가 재배되는 대부분의 나라들이 노동에 대한 정당한 대우를 받지 못하고 가난에 시달린다. 힘들여서 농사를 짓지만 정당한 대가를 받지 못하고 헐값에 농산물을 넘겨야 하는 구조로 인해 생산자가 가난에서 벗어난다는 것은 꿈을 꾸는 것과 같다. 후진국에서 생산되는 많은 양의 산물이 땀 흘려 생산한 생산자의 가난 탈출에 크게 도움이 되지 않는 이유는 나라 간 경제 격차에 따른 불공정한 노동력의 책정에 있다. 아직도 많은 선진국의 기업들은 후진국의 노동력을 착취하고, 그 산물을 헐값에 사들이고 있다. 공정 무역은 그들에게 정당한 노동의 대가를 지급하여 자존감과 생활 수준을 높여주고, 소비자에게는 사람과 사람의 거래에서 정당한 대가를 지급했다는 만족감을 준다. 이에 세계적으로 합리적인 가격에 구매하여 생산자들이 더 나은 대가를 받을 수 있도록 하는 공정 무역이 늘어나고 있다. 한국에도 매년 5월 둘째 토요일 세계공정무역기구WFTO를 비롯해 전 세계의 생산자와 소비자, 공정 무역 상점, 환경 단체, 비정부기구 등이 공정 무역 박람회나 워크숍 등 각종 행사를 통해 공정 무역 운동을 펼치고 있다. 트립티도 커피 사업을 통해 네팔 지역 농민들에게 커피 묘목을 심어주고 지속적인 교육과 정보를 제공하며 생산을 독려하고 제값에 들여온 원두를 국내 커피 전문점에서 소비하는 것으로 공정 무역의 선두에 섰다.

파탄 더르바르 광장의 왕궁 외벽에 있는 카페

트리부반 하이웨이 풍경

트리부반 하이웨이 풍경

카트만두에서 포카라로 이동하다

카트만두를 뒤로하고 포카라로 출발했다.

트리부반 하이웨이Tribhuvan Highway, HO4(네팔명 – 프리시비 라즈마가) 도로를 이용했다. 카트만두에서 약 200km 거리다. 시속 60km로 주행할 때 3시간 정도면 도착하는 거리였다. 하지만 출발한 지 얼마 지나지 않아서 비로소 네팔의 지형과 도로 사정을 이해하게 되었다.

세상에 이게 하이웨이라니! 나는 한국의 지형과 도로 중 험한 조건을 감안해 시간을 계산했다. 길이 가장 험하다는 강원도의 지방도로라도 포장되지 않은 도로는 없고, 경로 중에는 평탄한 길도 있는 법이다. 장거리이지만 일부러 저속할 이유는 없을 테니 시속 60km 정도면 무난하겠거니 생각했다. 그러나 이 예상은 일찌감치 보기 좋게 무너졌다.

카트만두에서 포카라까지는 왕복 2차선의 하이웨이가 유일한 도로이다. 중간 정도의 위치에서 평지에 이를 때는 통행료도 받고 있었다. 그러나 우리에게 익숙한 톨게이트 모습은 기대하지 말아야 한다. 운영을 위한 별도의 시설이 있는 게 아니었다. 두 사내가 도로를 막고 각기 양쪽 방향을 통행하는 운전자들로부터 창문 너머로 현금을 받았다. 여기가 톨게이트라고 얘기해주지 않았더라면 모르고 그냥 지나쳤을 것이다.

말이 하이웨이일 뿐 트럭이나 버스 같은 대형 차량 두 대가 겨우 지나갈 만한 폭이었다. 더구나 구불구불한 낭떠러지 도로를 덜컹거리며 하염없이 가야 한다. 해발 1,350m의 고지에 위치한 카트만두에서 해발 900m인 포카라까지는 높낮이 차이가 450m에 불과하지만, 그 450m를 내려가서 포카라에 도착하는 200km의 주행 거리를 7시간이나 걸려서 가는 것이다. 그나마 내려가는 길이었다. 포카라에서 카트만두로 가려면 계속 오르막길이어서 8시간

은 족히 잡아야 한다. 2015년 4월에 모멘드 규모 7.8의 지진과 200㎜ 이상의 폭우가 내렸
을 때는 열 곳 넘게 산사태가 발생해 10시간가량 걸렸다고 한다.

중간에 고장 트럭이라도 만나게 되면 수리를 마칠 때까지 다들 멈추어야 한다. 물론 반대
방향에서 오는 차들이 잠깐 끊길 때마다 고장 차량을 추월할 수는 있지만 그다지 수월하지
는 않다. 이렇듯 거리가 멀어서가 아니라 길은 좁은데 통행 차량은 많고, 중간에 고장 차량
이나 저속 트럭을 만날 경우 난감해진다. 하지만 양쪽 방향에서 아슬아슬하게 추월하는 차
들이 제법 흔했다. 깎아지른 낭떠러지의 굽은 구간에서 추월할 때 나는 앞좌석 등받이를 꽉
잡고 손아귀에 힘을 주었다. 바로 옆은 수직 절벽이었기 때문에 창밖을 내다볼 엄두조차 내
지 못했다. 길가에 추락 방지 역할의 돌기둥이 세워져 있었지만 차도를 벗어난 차량을 막아
줄 정도로 견고해 보이지 않았다. 아무튼 차도를 벗어난다면 차와 사람은 공중을 날아 까마
득한 절벽 아래에 곤두박질쳐서 형체를 알아보기 어려울 것은 뻔했다. 그런 길을 마주 오는
차가 있는데도 용감한 운전자들은 잘들 추월해갔다. 내가 탑승한 렌트 버스의 30세가량 운
전자도 마찬가지였다. 그의 능란한 운전 실력에 감탄사가 절로 흘러나왔다.

리버사이드 휴게소

산은 산으로, 계곡은 계곡으로, 밭은 밭으로 이어지는 창밖을 한참 긴장 속에 바라보며 가느라 몸이 뻣뻣해질 무렵에 쉬어가기로 했다.

차는 경부고속도로의 충북 옥천 금강휴게소와 분위기가 비슷한 리버사이드 휴게소로 들어섰다. 진입로는 비포장 경사로이고 좁고 짧아서 대형 버스는 뒤에 따라오는 차나 마주 오는 차를 조심해서 진입해야 한다. 내가 탄 20인승 렌트 버스는 휴게소에 진입하다가 결국 차체 바닥이 경사면 돌출부에 긁히고 말았다.

칸마다 목재 출입문이 외부로 향해 있는 남녀 공용 공중화장실에 들렀다. 남자용 소변기가 따로 있는 게 아니고 좌변기였다. 화장실에는 휴지걸이와 휴지가 없었다. 대신 물통과 바가지가 한 개씩 놓여 있었다. 물통의 물을 바가지로 떠서 맨손으로 닦는 것 같았다. 과거 이슬람권인 터키 여행 중에도 호텔 외에 도로변에 위치한 휴게소나 상점 화장실에는 휴지가 비치되어 있지 않았다. 힌두 문화권인 인도와 네팔도 마찬가지였다. 어떻게 보면 휴지보다는 미니 샤워기와 비데처럼 물을 이용한 방법이 훨씬 청결하고 건강에 도움이 될 수 있다. 화장실 밖에는 수도와 비누가 마련되어 있었다.

휴게소에서는 사람들이 접시에 음식을 담아 와 삼삼오오 강이 내려다보이는 테이블을 하나씩 차지하고 앉아 식사를 하고 있었다. 접시에 담긴 음식이 어떤 종류인지 궁금하여 훔쳐보았더니 네팔의 주식인 달밧이었다. 어떤 식으로 배식을 하는지도 궁금해서 건물 내부로 들어가 살펴보았다. 달밧의 주변 반찬을 뷔페처럼 세팅해놓고 각자 접시에 먹을 만큼 담아 계산했다.

지방도로에서 흔히 볼 수 있는 주택의 한 형태이다. 대체로 옥상 또는 지붕층의 한 방은
신을 모셔놓고 아침마다 경배를 한다.

포카라에 도착하다

우리는 리버사이드 휴게소에서 차와 음료를 마시고 내처 포카라로 향했다. 포카라는 해발 950m 정도에 위치해 있는데, 여름에는 다른 지역보다 시원하고 겨울에는 덜 춥다고 한다. 서울보다 3시간 15분 느리다. 안나푸르나 지역에 트레킹을 하기 위한 준비를 할 수 있고, 호수 주변에 밀집해 있는 숙박 시설을 편하게 이용할 수 있다. 트레킹을 하기에 좋은 시기는 우리나라로 보면 늦봄과 늦가을 무렵이다. 이때가 히말라야의 풍경이 가장 잘 보이는 시기이다. 특히 우기가 끝난 10월 이후에는 눈 덮인 안나푸르나의 모습이 가장 선명하게 보인다고 해서 여러 가지 이유로 다음에는 가을을 택해서 가고 싶은 곳이다.

드디어 평지에 이르렀고 포카라Pokhara에 다다랐다. 차에서 내릴 준비를 하면서 고생한 운전자에게 팁을 좀 얹어줘야 되지 않겠느냐고 안내인에게 조심스럽게 물었더니 포함되어 있다고 했다. 나는 궁금해서 운전자의 소득이 어느 정도 되는지 물었다. 회사 소속으로 월급이 1만 루피 정도 된다고 말한다. 우리 돈으로 약 10만 원가량이다. 1만이 아니라 10만 루피를 잘못 말한 것이 아닌가 했으나 교사 월급도 마찬가지여서 1만 루피를 조금 넘는다고 했다. 그래서 투잡을 하는데 대부분 농사 수입으로 보충한다는 설명을 들을 수 있었다.

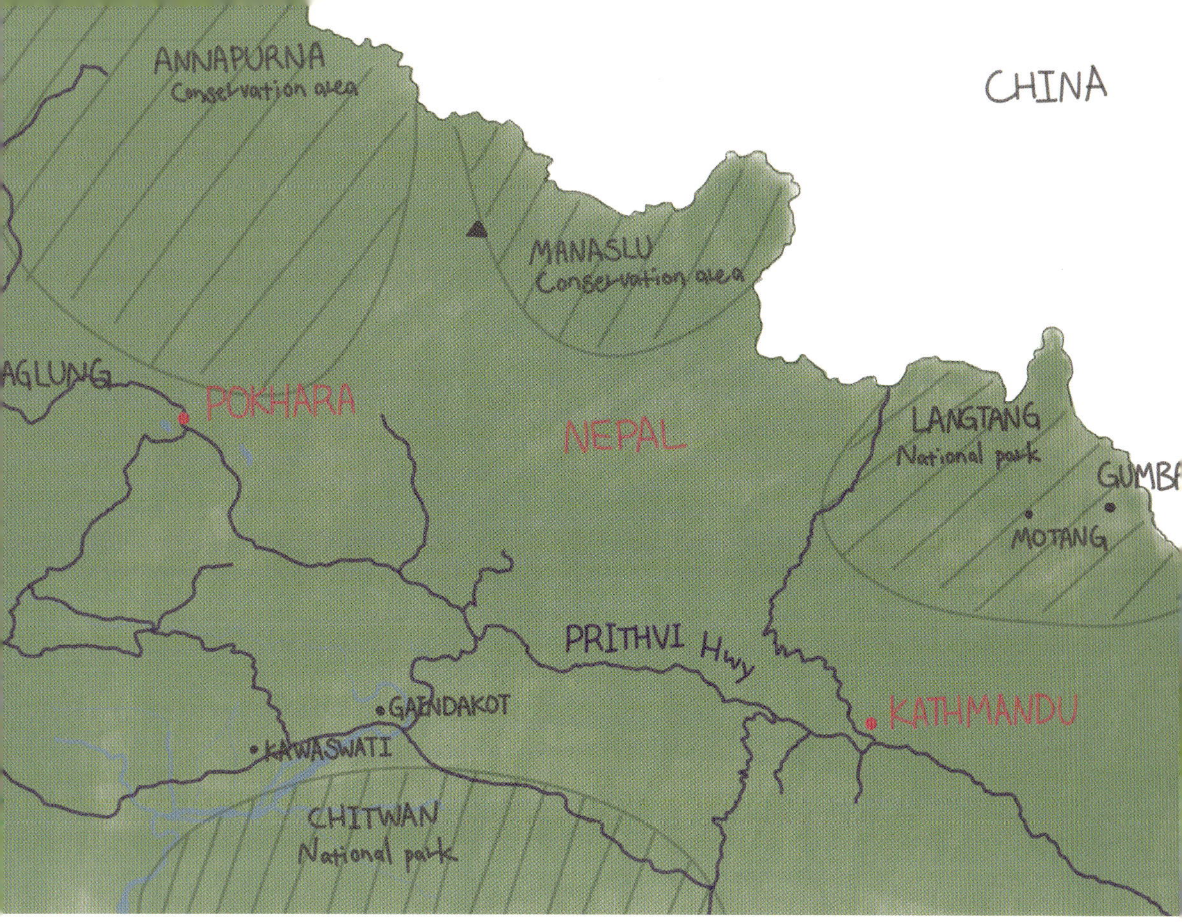

네팔의 수도 카트만두 북서쪽으로 약 200km, 해발 900m에 위치한 교육과 관광의 도시이며 아열대 기후로 겨울에도 따뜻하고 히말라야의 아름다운 경관을 가장 잘 조망할 수 있는 세계적인 휴양지이다. 도시명은 '호수'라는 뜻의 네팔어 '포카라'에서 유래하였다. 과거에는 인도, 티베트와의 무역 중개 지역으로 번영하였으며, 현재는 인도와 네팔을 연결하는 동시에 평지와 산지를 이어주는 지역적인 특성 때문에 히말라야 등산과 트레킹을 시작하는 서쪽 출발점으로 각광받고 있다. 히말라야 트레킹코스 중 가장 아름다운 50여 개의 코스를 시작할 수 있다.

레이크사이드Pokhara Lakeside에 있는 갤러리 카페에서 늦은 점심을 먹었다. 갤러리 카페는 네팔에 매료되어 정착한 지 2년가량 되었다는 한국 여성인 라다 정이 운영하는 곳이다. 미리 연락받은 그녀는 우리가 늘 먹어왔던 맛으로 닭볶음과 제육볶음을 준비해놓고 기다리고 있다가 반가이 맞아주었다.

일행은 식사 후에 호수 전경이 훤히 보이는 뒷마당에 앉아 차를 마셨다. 마치 양수리 강가에 앉아 있다는 착각을 일으킬 정도로 양수리 풍경과 비슷한 호수를 바라보고 있노라니 마음이 차분해졌다. 객지에 나와 있다는 긴장감마저 희석되는 것 같았다.

호수에서 보트놀이를 하던 젊은 사내가 물로 뛰어들었다. 순간 혼자서 넓은 호수를 차지하고 헤엄을 치고 있는 그가 부러웠다. 나도 시간만 되면 당장에라도 뛰어들고 싶은 충동이 일었지만 억눌러야 했다.

화창한 날에 호수 건너에서는 호수에 비친 히말라야(안나푸르나, 다울라기리, 마나슬루 등)의 웅장한 모습을 볼 수 있다고 한다. 그래서 사진 촬영의 명소가 되었고, 이 페와 호수와 히말라야를 배경으로 촬영한 멋진 사진을 실제로 기념품 상점에서 전시 판매하고 있었다.

오스트레일리안 캠프

오스트레일리안 캠프는 까데에서 출발하는 ABC 루트의 경로 위에 있는 캠프다. 캠프에서 ABC 루트 방향으로 산책하듯 30분가량 내려가면 트레커들의 체크포스트가 있는 '포타나' 마을이다.

과거 오스트레일리안 등반대에 의해 형성된 캠프지만 현재는 네팔 현지인들이 운영하고 있었다. 까데와는 가까운 거리에 있어서 보통 ABC 루트를 여행하는 트레커들이 이곳에서 숙박을 하는 경우는 드물다고 한다. 이 캠프에서는 안나푸르나를 비롯해 주변 고봉은 물론이고 멀리 마나슬루 산군까지 조망할 수 있다. 물고기 꼬리 같이 생겼다고 해서 붙여진 이름 마차푸차레Machhapucchre 6,997m와 말디히말Mardi Himal 5,553m, 두 산의 능선은 겹쳐 보였다. 캠프에서 바라보는 안나푸르나 오른쪽으로는 람중히말 Lamjunghimal 6,983m이 있다. 람중히말은 우리나라 여성 원정대가 등정했던 최초의 히말라야 봉우리다.

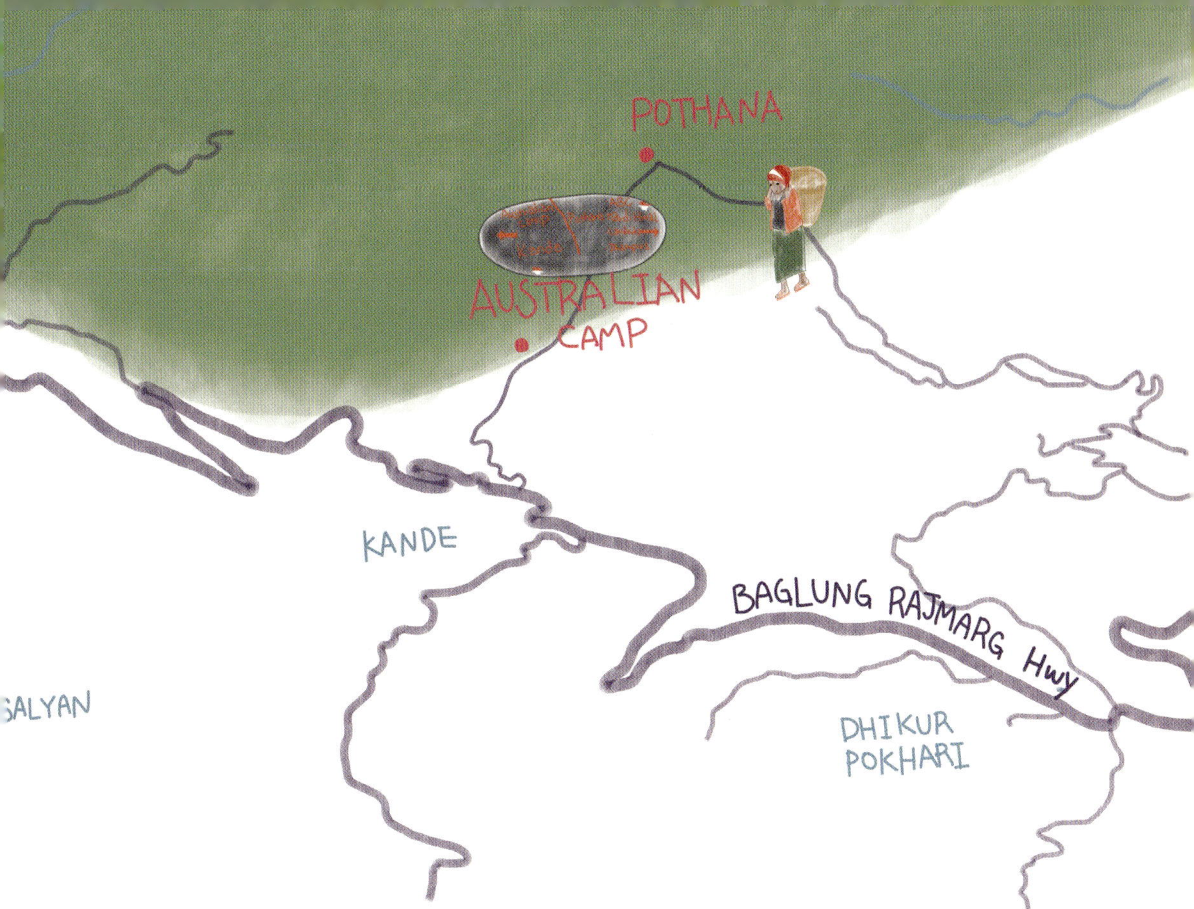

POTHANA
AUSTRALIAN CAMP
KANDE
SALYAN
BAGLUNG RAJMARG Hwy
DHIKUR POKHARI

해발 2,000m 오스트레일리안 캠프로 가는 길

포카라를 출발한 우리는 까데(칸데)Kande로 가서 오늘 밤 묵을 오스트레일리안 캠프Australian Camp
로 향했다.

초행길인 우리는 무조건 따라갔다. 걸어서 1시간 30분가량 걸린다고 했다. 그렇다면 북한산
을 오르는 정도의 수준이겠거니 생각하며 평지인지 산길인지, 차가 오르는 길인지, 그 길을
걸어서 오르는지 어떤 길인지조차 모르고 무조건 따라갔다.

까데의 길가에서 하차하여 등산화로 갈아 신고 길가에 면한 건물 사이의 골목으로 들어가
얼마간 걷는 동안 주민도 만나고 집들의 형태도 훔쳐보면서 가볍게 걸었다. 이런 길이라면
얼마든지 걸을 수 있겠다는 생각이 들었다.

길은 초목이 우거지면서 오르막길로 이어졌고 본격적인 산행이 시작되었다. 산길을 오르며
많은 아이들을 만났다. 듬성듬성 가옥들이 있었고 집집마다 아이들이 보였다. 엄마와 마당
에 나와 있던 아기도 빤히 쳐다보았다. 아이가 아기를 업고 있었다. 침침하고 초라해 보이
는 학교지만 옆으로 길게 함께 앉아서 같은 책상을 사용하는 교실도 몇 개 보였다. 어떤 아
이들은 산길을 몇 시간 걸어 등하교를 할 것이었다. 네팔의 산길은 듬성듬성 마을과 주택으
로 향하는 샛길로 이어졌고, 여러 채의 집들이 보인다 싶으면 구멍가게가 나타났다. 아이들
이 즐겨 찾는 과자와 콜라 같은 음료가 있지만 아이스크림은 기대도 하지 말아야 했다. 전
력난 때문에 구색에서 빠질 수 없는 것은 초와 성냥이다. 이러한 것들을 보며 나의 어린 시
절이 떠올랐다.

전후 1960년대 우리나라의 시골은 읍에 나가야만 구멍가게가 있었다. 동란 이후 먹을 것이

귀하고 아이들 주전부리를 채워줄 것이 마땅치 않은 데다 지금에 와서 추억의 불량식품이
라 불리며 간혹 인기를 모으는 과자가 판치던 시대였다. 한 개에 2원 하는 아이스께끼(얼음
과자) 장사가 어깨에 통을 메고 시골 구석구석을 다니며 찢어진 고무신 또는 빈병과 맞바꾸
기도 했다. 그때는 집집마다 아이들이 많았다. 나도 4남 2녀 중 셋째로 태어났다. 간식거리

산속의 집들은 담이 없다. 대문도 없다. 단
지 문 역할을 하는 출입구에는 제주도의
옛집들처럼 기둥에 세 개의 나무를 걸쳐놓
는다. 나무 기둥 대신 구멍을 뚫은 평평한
돌을 입구의 양쪽에 세운 집들도 있다.

라야 5일장에서 튀겨온 옥수수 강냉이와 쌀로 튀긴 튀밥과 누룽지가 전부였다. 몽당연필마저 더 이상 쓸 수 없을 정도까지 짧아진 뒤에야 새것으로 바뀌었다. 일력과 신문지가 화장지를 대신하던 시대였다. 더 깊은 시골에서는 풀을 뜯어 뒤를 닦았다.

칫솔과 치약은 아예 구경도 못하고 왕소금을 검지와 중지 끝에 묻혀서 이를 닦던 시절이었다. 어떤 사람들은 지푸라기를 뭉쳐서 소금을 묻혀 이를 닦았다. 그 때문에 잇몸이 쉽게 상하고 나이가 들어서는 치과를 찾는 일이 많아지게 되는 결과를 낳았다.

먼지를 일으키며 신작로에 줄지어 달리는 군 트럭을 뒤쫓으면 군인들이 건빵이며 껌이며 사탕을 던져주었다. 이것들은 먹을 것이 마땅치 않았던 시절에 심심풀이를 해결해주었고 줍지 못한 아이들에게는 부러움의 대상이 되었다. 그러나 네팔 산등에 기대어 사는 아이들은 이방인을 뒤쫓지 않았다. 그저 그 자리에 서서 순박한 낯빛으로 쳐다볼 뿐이었다. 낯선 외국인을 보고도 두 손을 모으고 환하게 웃어주던 맨발의 어린이들을 잊을 수가 없다.

그 생각이 떠올라 산길을 오르며 가지고 있던 필기구와 과자, 사탕 등을 아이들에게 나눠주었다. 어떤 10대 소년은 펜을 받아들고는 Made in Korea라며 좋아했다. 이럴 줄 알았으면 어린이용 노트와 연필을 많이 준비해올 걸, 산속이어서 더욱 귀하다는데, 이제 남은 것은 내가 쓸 펜 하나와 작은 노트 한 권뿐이라는 생각이 들면서 갈등을 겪어야 했다.

처음부터 등산을 하리라고는 짐작조차 하지 않았기 때문에, 그리고 오르막길을 걷는다 해도 장시간 걷게 될 줄 몰랐기 때문에 등산용 스틱은 준비하지 않았다. 결국 산길을 걷게 되긴 했지만 굳이 스틱까지는 필요 없었다. 어디를 가나 돌계단이 많았다. 캠프까지 오르는 길의 반 이상을 무수히 많은 돌계단을 밟아야 했다. 누군가의 땀방울이 놓은 계단이라 생각하고 감사하는 마음으로 한 발 한 발 내디뎠다. 중간쯤 올랐을까. 흙담집에 슬레이트를 얹은 지붕 밑에 두 부자가 서서 나무지팡이를 내밀었다. 한 개에 1달러란다. 흥정하지 않고 흔쾌히 다섯 개를 구입해서 일행에게 나눠주었다. 이 지팡이는 오를 때보다 하산할 때 요긴하게 쓰였다. 귀국할 때는 필요한 누구라도 재사용할 수 있기를 바라면서 미놋에게 맡겼다.

농사지은 감자를 팔고 오시는지 할머니의 등에 진 바구니는 비었다. 숨을 헐떡이며 연신 큰

숨을 내쉬었다. 어디까지 오르시는지 물으니 아직 멀었다는 투로 손짓을 하셨다. 할머니의 발걸음은 매우 더뎠지만 중간 중간 쉬며 올라간 나의 속도와 맞먹었다. 어쩌다 눈에 띈 집을 지나고 또 지나고 할머니는 계속 오를 태세였다. 캔콜라 하나를 꺼내 드시겠냐고 여쭈니 냉큼 받아 드신 할머니는 캠프 가까운 집으로 들어가셨다.

네팔은 평화로운 풍경을 하고 있었다. 속은 어떨지 모르지만 겉으로는 그렇게 보였다. 그렇다면 속은 어떨까. 어디나 다 사람 사는 곳은 같지 않을까 하는 생각이 들면서도 네팔의 관습과 예절에 대해서 겉핥기로나마 알고 싶어졌다. 일반적인 인사말, 친구를 만났을 때의 인사말, 감사에 대한 표현, 여러 신분에 따른 호칭, 부담 없이 오가는 선물 따위에 대해서 말이다. 웃고 넘겨도 될 속설인지, 이미 옛것이 되어버렸지만 지키면 좋을 관습인지, 반드시 알고 있어야 할 예절인지 모르겠으나, 부록에 덧붙인 네팔의 일상 속에서 일어나는 일들을 포함해서 다른 것들도 알고 싶은 마음이 강하게 들었다.

해발 2,000m 오스트레일리안 캠프에 도착하다

애초 1시간 30분가량 걸린다고 했던 산길을 헉헉거리며 3시간에 걸쳐서 겨우 오스트레일리안 캠프에 도착했고, 캠프 마당에 들어설 때 히말라야 반대쪽 산등성이 너머로 해가 지고 있었다.

살아오면서 해넘이는 숱하게 보아왔다. 그때마다 처해진 환경에 따라 느낌이 달랐다. 마음이 평안하면 석양의 그림자도 아름답게 보이지만, 불편한 상태라면 가슴이 쓰리고 슬프게 보였다. 몸을 돌려 산비탈 너머로 미끄러지듯 넘어가는 해를 바라보면서 이 여행의 끝에 앞으로 살아갈 방향의 힌트라도 얻어지기를 바랐다.

먼저 캠프에 오르느라 땀에 절어 끈끈해진 몸을 씻고 식사를 하기로 했다. 해가 서산으로 넘어가면 그때부터 기온은 급격하게 떨어지게 마련이고 고지대여서 기온차를 금방 느낄 수 있었다. 게다가 찬물로 샤워를 하고 나니 더 스산해져서 긴팔의 겉옷을 꺼내 입어야 했다. 욕실에 온수기가 설치되어 있었지만 전기 공급 전이어서 어쩔 수 없이 외부에 연결된 물탱크의 찬물만으로 씻어야 했고, 전기는 밤 10시가 넘어서야 잠깐 들어왔다.

사위는 서서히 어두워져 갔다. 숄을 짜던 물레 소리도 멈췄다. 캠프 초입에 나란히 누워 물레 짜는 소리를 듣고 있던 야크 두 마리도 제집으로 돌아갔다. 그제야 우리는 식당에서 히말라야 로컬 백숙으로 늦은 저녁식사를 하게 되었는데, 네팔의 해발 2,000미터 높이에서 닭백숙을 먹게 되었다는 부푼 심정에 비해 막상 내온 음식을 보고는 기대를 접어야 했다. 찰진 우리 쌀 대신 풀풀 날리는 네팔 쌀에 마늘을 듬뿍 넣어 푹 삶긴 했으나 인삼, 대추 따위가 빠져서 어설퍼 보였던 것 같다. 어두워진 시각에 촛불을 켜고 먹었기 망정이지 밝았더라면 뭔가 구색이 맞지 않은 모양새에 맛이 덜했을 것이다. 시장이 반찬이라고 오이와 생마늘 외에는 주변 반찬이 없이도 다들 그릇을 비웠다.

밤이 깊어지고 있었지만 아직 잠자리에 들 시간이 되지 않아 그다지 할 일이 없는 여유로운 밤이 맥주를 찾게 했다. 히말라야의 까만 능선이 달빛을 받아 하늘과 경계를 이루는 밤, 한 병에 500루피 하는 히말라야 상표의 맥주를 잔에 가득 채워 라면을 안주 삼아 들이켜는데 술술 잘도 넘어갔다. 하늘이 가까운 고지대의 풀밭에서 썩 마음이 맞는 사람이 있다면 그와 함께 이대로 밤을 새워도 좋겠다는 생각이 들었다.

낮고 침침한 나무판자로 엮은 매점에서 맥주를 주문하면서 호기심에 어떤 물건들을 구비하고 있는지 비쩍 마른 남자를 제치고 안을 기웃거렸었다. 제일 먼저 눈에 들어온 것은 휘어진 선반에 수북이 쌓여있는 붉은 포장지의 라면이었다. 마침 내가 즐겨 먹는 우리나라의 기업이 생산하는 제품이었다. 네팔에, 그것도 산꼭대기에 라면 봉지가 켜켜이 쌓여있는 것을 보고 반가웠다. 이 라면은 안줏거리가 마땅치 않아 대신 끓여 내오긴 했지만 좀 싱거운 백숙을 먹고 난 직후라 얼큰한 국물이 뒷맛에 도움이 되어주었다.

맥주 한 병을 다 비웠는데도 밤공기가 차고 맑아서인지 산자락의 벼랑 끝에서 바라보이는 밤하늘과 검은 숲이 아늑하게 느껴질 뿐 별 감흥이 일어나지 않았다. 만물이 숨을 죽이고 저마다 보금자리에 든 시각, 캠프의 잔디밭 한편에 마련된 야외 벤치에서의 시간은 안나푸르나의 묵직한 능선과 함께 어둠에 묻히고 평소보다 조금 일찍 잠자리에 들게 만들었다.

넷째 날

다른 사람의 종소리는 맑은 쇳소리에 불과했으나 내가 치는 종소리는 가슴을 때리며
머리를 감싸는 울림으로 전해져왔다. 이래서 뭐든지 바라만 볼 게 아니라 가능하다면
직접 해봐야 몰랐던 감정을 느낄 수 있게 된다.

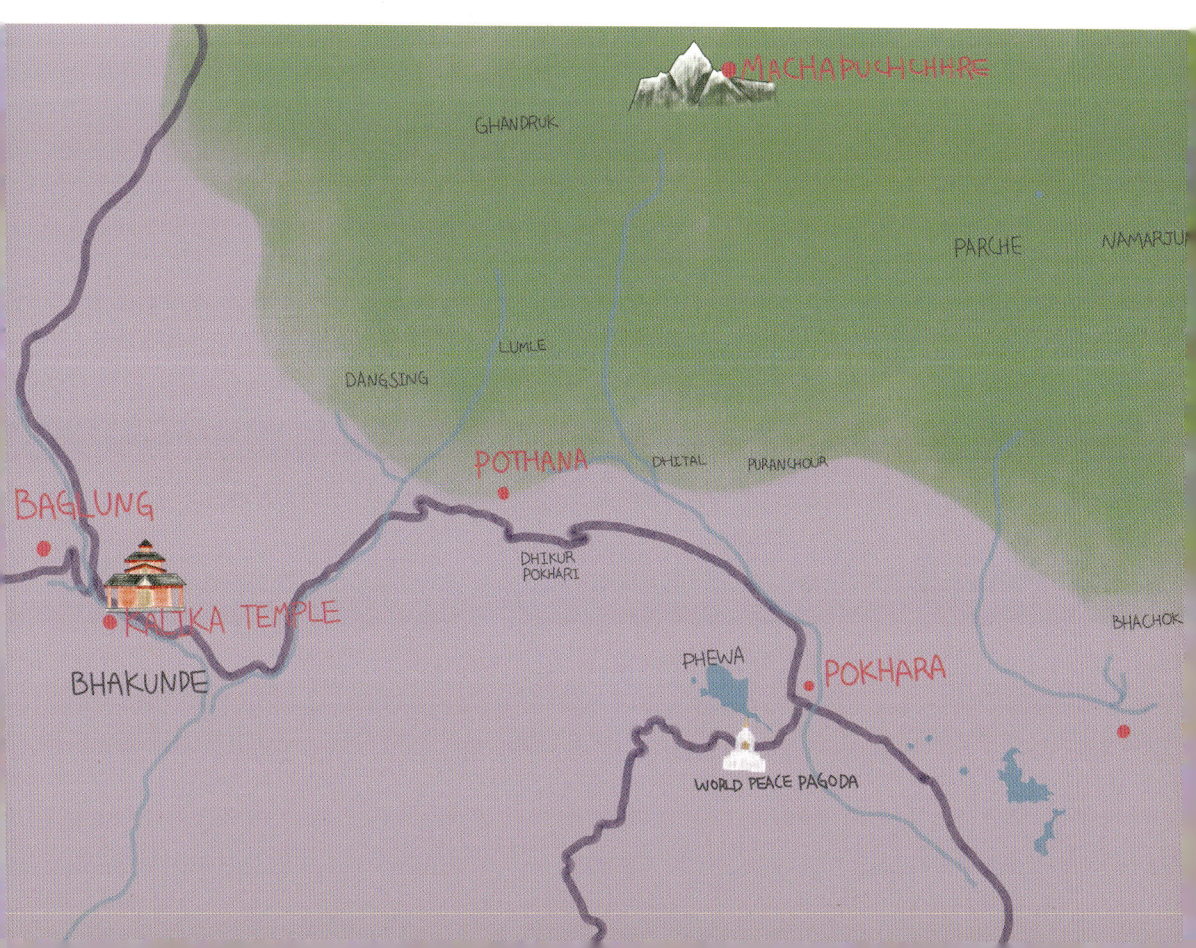

히말라야Himalayas

산스크리트어로 '눈雪'을 뜻하는 히마Hima
와 '거처居處'를 뜻하는 알라야Alaya의 합성
어인 '히말라야'는 '눈의 거처', 즉 '만년설
의 집'이라는 의미를 지닌다. 세계의 지붕
이라 불리며, 총연장 2,500여km에 달한
다. 파키스탄과 인도 북부, 네팔, 시킴, 부
탄, 티베트 남부에 걸쳐 있다.

히말라야 8,000m이상의 14좌

에베레스트(Everest. 8,848m)

K2(Chogori. 8,611m)

칸첸중가(Kangchenjunga. 8,586m)

로체(Lhotse. 8,516m)

마칼루(Makalu. 8,463m)

초오유(Cho Oyu. 8,201m)

다울라기리(Dhaulagiri. 8,167m)

마나슬루(Manaslu. 8,163m)

낭가파르바트(Nanga Parbat. 8,125m)

안나푸르나(Annapurna. 8,091m)

가셔브룸 I (Rgasha Brum. 8,068m)

브로드피크(Broad Peak. 8,047m)

시샤팡마(Shishapangma. 8,046m)

가셔브룸 II (8,035m)

해발 8,091m 안나푸르나 봉우리의 눈발

오스트레일리안 캠프에 오른 이유는 히말라야에서 솟아오르는 찬란한 태양을 맞이하기 위해서였다. 떠지지 않는 눈을 억지로 비비며 다섯 시에 일어났다. 히말라야 산맥 너머에서는 부옇게 동이 틀 준비를 하고 있었다. 안나푸르나를 비롯해서 좌우에 펼쳐진 히말라야의 봉우리와 능선을 황금빛으로 태우고 일순간 내 얼굴도 감쌀 광경을 생각하면서 가슴을 조아리며 기다렸다. 하지만 날씨가 다소 아쉬울 만큼 흐렸던 탓에 햇빛은 선명하지 않았으나 마나슬루에서 에베레스트로 이어지는 초오유의 능선은 불이 번지듯 붉게 타올라서 위로가 되어주었다.

캠프에서 바라보는 안나푸르나는 위엄이 있고 웅장한 모습이었다. 워낙 크고 고봉이라서인지 가깝게 보였다. 장엄한 순간을 한시도 놓치지 않기 위해 넋을 잃고 바라보노라니 안나푸르나 봉우리가 태양의 붉은빛을 걷어내면서 오른쪽으로 하얀 연기처럼 눈발을 흩날리는 게 보였다. 멀리서 보니까 감동스럽게 느껴지는 것이지 길도 없는 힘하디힘한 설신을 한 발 한 발 내딛고 있을 등반가에겐 얼마나 고통스럽고 두려울까. 그런데도 내로라하는 등산가라면 누구나 도전하고 싶어 하는 히말라야, 선택된 자만 정상에 설 수 있는 최고봉, 상상외의 죽을 힘을 다해 정상을 정복하고도 곧바로 내려와야만 하는 봉우리들 앞에서 한없이 작아지는 나를 느꼈다.

각각의 봉우리에 대한 별칭과 어원, 그와 관련한 이야기들도 수두룩하다. 하도 신비스럽고 재미있어서 관심을 가지고 하나하나 읽어 보고 싶어도 다가가면 다가갈수록 산에 기대 살아가는 민족의 삶 깊숙이까지 더 깊게 빠져들까 봐 겁이 났다.

하늘로 향하는 것이 아니라
사람을 향하는 길이다

체크포스트Checkpost

트레커가 다음 구간으로 넘어가기 전에 구간 기록을 재거나 멈추는 지점이다. 특히 장거리의 경우 트레커들은 체크포스트에서 먹고 자며 다음 구간이 시작되기 전 컨디션을 회복하는 데 집중한다. 보통 체크포스트에는 트레커들이 가지고 다니는 카드에 펀칭을 하거나 특별한 표시를 해주는 장치가 준비되어 있다. 컨트롤 포인트Control point 또는 체크포인트Checkpoint의 의미가 있다. 히말라야 트레킹에 있어서의 체크포스트에서는 관리자가 카드의 국적, 시간, 이름 등을 확인한다. 트레커에게 입장료 같은 일정한 수수료도 받는다.

에베레스트는 국내에서도 그 이름을 사용한 등산용품점, 카페, 식당 등이 많은 데다, 2004년 5월에 있었던 계명대학교 에베레스트 원정대원 세 명(박무택, 백준호, 장민)의 사망사고 1년 후 세계 최초로 시신 운구를 위해 에베레스트에 오른 엄홍길 대장을 포함한 18명의 휴먼 원정대 이야기를 담은 다큐멘터리를 통해서 친숙한 이름이 되었다. MBC 다큐멘터리 <아! 에베레스트>. 그리고 이 다큐멘터리를 기초로 해서 제작 개봉된 영화 <히말라야> 관람을 통해 더 가까워졌다.

마나슬루와 안나푸르나는 언젠가 TV에서 심층 취재해 보여준 적이 있는데 그때 시청하여 어렴풋이 기억하고 있다.

기껏해야 야유회 정도로 나지막한 산에 오른 것에 불과한 나로서는 우리나라에서 가장 높다는 해발 1,950미터의 한라산에도 오른 적이 없는 탓에 8,000미터 이상의 산 정복을 위해 목숨까지 거는 산악인의 도전이 무엇을 의미하는지, 정복 후에는 무엇을 얻게 되는지 짐작되지 않는다. 엄홍길 씨는 "정상에서의 기쁨과 희열은 순간이다. 산에서 내려오면서 삶의 의미를 깨닫는다. 그것은 하늘로 향하는 것이 아니라 사람을 향하는 길이다"라고 말하며 그 중심에 사람이 있음을 강조했다. 의미심장한 이유를 떠나서 나로서는 그저 '대단하다, 믿을 수가 없다, 상상이 안 된다'는 등의 경이로움이 앞설 뿐이다. 단순한 생각에서는 무모해 보이기도 한다. 정작 네팔 국민은 인간으로서 감히 범접조차 할 수 없는 신성한 영역이라고 여겨서 산에 들어가지 않는다고 한다.

그 신의 영역이 바로 눈앞에 펼쳐져 있었다. 비록 멀리서 바라보는 정도에 그치지만 벅차오르는 감동이 느껴졌다. 이렇듯 멀리서 바라만 봐도 경건해지는데 지금 이 순간에도 히말라야 어디선가 등정을 하며 사투를 벌이고 있을 등반가를 생각하니 그들의 발걸음 하나하나에 힘을 실어주기를 비는 마음이 크게 와닿았다. 산을 바라보며 히말라야에 잠든 많은 등반가와 셰르파의 명복을 빌었다.

오스트레일리안 캠프에서 포타나 마을 가는 길

해발 1,920m 포타나 마을

오스트레일리안 캠프에서의 밤은 짧았다. 일찍 일어나 히말라야 산맥 너머로부터 떠오르는 해돋이를 본 다음 차를 마실 양으로 산길을 내려가 포타나Pothana로 향했다. 트레커늘의 체크포스트가 있는 마을로 캠프에서 그리 멀지 않은 곳이고 경사도 완만한 편이었다. 캠프에서 포타나까지는 산책 걸음으로 약 30분가량 걸렸다.

포타나 마을 끝에서 끝까지는 중앙으로 난 하나의 길뿐으로 대략 300미터가량 되었는데, 길 좌우의 건물은 전부 게스트하우스 겸 카페 겸 레스토랑이다. 건물들 뒤쪽은 주민들이 경작하는 밭으로 조성돼 있다. ABC 코스를 거친 트레커들이 오스트레일리안 캠프를 거쳐 까데에 도착하는 것을 종착점으로 치는 경로 중 이 포타나는 사실상 마지막 체크포스트라고 할 수 있는 곳이다. 몇 날 며칠을 걸어 끝이 날 것 같지 않았던 트레킹이 드디어 끝나는 지점인 셈이다. 반대로 까데에서 출발해 오스트레일리안 캠프를 거쳐 ABC 코스로 트레킹을 하는 사람들에게는 포타나가 시작점이 되는 곳이다.

트레커도, 전문 산악인도 아닌 우리 일행은 주민들 눈에 자연스럽지 못한 관광객으로 보였을 것이다. 한 카페 마당에서 차를 마시며 담소를 나누고 있는데 마당이 훤히 내려다보이는 2층 숙소에서 나이 지긋한 남자가 아침잠에서 깨어 내려오더니 슬며시 끼어들었다. 한국인이었다. 밖에서 한국말이 들리자 잠자리에서 벌떡 일어난 모양이었다. 그는 은퇴 후 부인과 함께 여기저기 다니며 여행을 즐기는 중이라고 했다.

다시금 캠프에 돌아오는 길은 포타나로 내려갈 때에 비해서 수월했다. 갔던 길을 되돌아오는 수순이었기에 어디쯤에 어떤 지형 지물이 있는지 알고 있기 때문에 숲과 나무와 발에 차이는 돌부리까지도 그냥 지나치지 않았다. 숲 사이로 히말라야의 능선이 보였다가 사라지곤 했다. 오르는 길의 중턱에서 염소 치는 처녀를 만났다. 나이는 갓 스물이 안 되어 보이는데 긴 나뭇가지를 들고 염소들을 능숙하게 몰며 부끄러운 듯 한쪽으로 길을 비켜주었다. 순수해 보인다고 해야 할까, 순진해 보인다고 해야 할까, 아무래도 저 아래 세속에 물든 사람들에 비해 때 묻지 않은 영혼을 소유했을 것으로 믿고 싶다. 잠깐 쉬면서 숲 사이로 사라지는 그녀의 뒷모습을 물끄러미 바라보았다. 아름다움이란 세공된 보석을 통해서만 만나볼 수 있는 것이 아니다. 내면으로부터 저 아가씨야말로 진정한 아름다움을 간직하고 있다고 속삭이는 것 같았다. 아름다움의 원뜻은 '하는 일이나 마음씨 따위가 훌륭하고 갸륵한 데가 있음'을 의미한다. 척박한 산중에서 염소를 돌보고 온갖 허드렛일을 하며 힘들게 살고 있을지 모르지만 정작 당사자인 본인이 욕심 없이 받아들이고 기꺼운 삶을 산다면 그 자체로 행복할 것이라고 여기며 걷다 보니 어느새 숙소 앞에 다다라있었다.

칼리카 사원

칼리카사원Kalika Bhagwati Temple
바글룽 지역에 있는 가장 대표적인 힌두교 사원으로 더샤인 축제 동안 많은 순례자가 방문하는 곳이다.

칼리Kali 또는 칼리카Kalika
파괴의 신 시바의 부인으로 힌두교 전통에 따르면 우주의 영원한 에너지와 관계가 있는 여신이다.

까데에서 바글룽의 홀리 차일드 스쿨로 가던 도중에 칼리카 사원Kalika Bhagwati Temple을 둘러보았다. 사원 경내에 진입해서 법당이 있는 데까지는 제법 걸어야 하는데 어림짐작으로 500미터는 되어 보였다. 진입로의 우측에는 이따금 돈을 받고 점을 봐주는 점쟁이들이 손님을 기다리고 있었다. 어떤 손님은 미리 준비해온 쌀을 범상치 않게 보이는 점쟁이 앞에 흩뿌리기도 했다. 쌀은 죽은 이의 사후 향방을 알아보는 점괘에 이용된다고 한다. 그날의 영업을 마친 점쟁이는 이 쌀을 자루에 담아가서 생활에 보태는 것 같았다.

점을 보는 사람들은 의외로 많았지만 남자는 보지 못했다. 손님의 부류는 처녀부터 아기엄마와 할머니까지 다양했다. 우리나라도 마찬가지다. 절대적이지는 않지만 대체로 남자보다는 여자가 훨씬 많이 점에 의존한다. 남성과 여성의 어떤 부분이 운수·길일·길흉·화복 따위의 점술에 더 관심을 갖게 하고 영향을 미치게 하는지 궁금하다.

'참나'란 무엇인가

진입로를 조금 더 들어가면 법당 앞까지의 길 양옆에 많은 종들이 걸려 있다. 이 종들은 시계방향으로 걸어가며 친다. 종을 치면서 참나Atman에 더 가까워진다고 믿는다.

'참나'란 무엇인가. 힌두교에서는 '생명 활동의 중심적인 힘, 즉 영혼. 만물에 내재하는 형이상학적인 영력'이라고 정의한다. 순우리말 '참나'가 갖는 뜻은 '본래 모습의 나(자아·초자아와 함께 정신을 구성하는 하나의 요소 또는 자존감)'이다. 힌두교에서의 '참나'와 순우리말 '참나'는 비슷한 의미를 지닌 것 같다.

불교닷컴에 연재한 강병균 포항공대 교수의 '머리 없는 닭의 참나'에서는 '머리가 없는 채로 18개월간 생존한 닭에게 다른 닭의 머리를 붙이는 경우, 이 닭의 영혼과 참나眞我 True Atman는 남아있는 몸에 있을까, 아니면 잘려나간 머리에 있을까? 즉 머리를 이식받은 닭은 같은 참나일까 다른 참나일까?'라고 묻는다. 강병균 교수가 전하는 선문답 내용은 이렇다.

1945~1947년 기간에 미국 콜로라도 주에 마이크란 이름의 수닭이 있었다. 이 닭은 주인이 휘두른 도끼질에 머리를 잃었지만 다행히 뇌간이 살아남아 목숨을 건졌다. 뇌간은 호흡 활동, 심장 박동, 혈액 순환, 세온 유지, 근육 운동 등을 담당하는 기관이다. 닭이 목이 없는 채로 활보하는 걸 본 주인은 마음이 변해서 이 닭의 식도에 안약 투입기로 먹이를 공급하여 키웠다. 이 닭은 걸어 다녔을 뿐만 아니라 미흡하나마 수닭답게 울기도 하며 잘 살았다. 이 닭의 잘린 머리를 다른 닭의 몸에 이식하면 어느 쪽이 진짜 옛날 닭 마이크일까? 머리가 없는 마이크에게는 닭의 영혼이 있는 것일까 없는 것일까? 있다면 머리가 있던 시절의 옛날 영혼일까, 아니면 새 영혼일까? 없다면 어떻게 걸어 다니는 게 가능할까? 좀비란 말인가?

마이크의 머리를 이식받은 닭의 영혼은 마이크의 영혼일까 아닐까? '머리 없는 몸의 마이크 영혼'과 '몸을 이식받은 머리 쪽의 마이크 영혼'은 같은 영혼일까 다른 영혼일까? 같은 영혼(참나)이라면 머리가 잘리기 전 닭의 영혼이 머리가 잘린 후 두 개의 영혼으로 분리됐다는 말인가? 다른 영혼이라면 하나의 성한 닭의 몸과 머리에 각기 다른 영혼이 산다는 말인가?

그러면서 영혼이나 참나의 존재를 인정하는 경우에만 이 질문에 답을 하라고 한다. 영혼이나 참나를 인정하지 않으면 처음부터 문제가 성립하지 않으므로 이런 분은 답을 할 필요가 없다는 것이다.

칼리카 사원 진입로 양편의 크고 작은 많은 종들을 치면서 참나에 가까워지려 기원하는 사람들을 보며 숙연한 마음이 드는 동시에 그들의 영혼에 경외감이 생기는 것이었다. 어떤 이는 한쪽 종들을 치며 앞으로 전진해가고, 어떤 이는 양편을 왔다 갔다 하며 잰걸음으로 춤추듯 치며 나아갔다. 한쪽의 종들만 치며 나아가는 사람은 곧장 열반에 들 태세로 보였으며, 양편의 종을 하나씩 번갈아 치며 나아가는 사람의 족적足跡은 평면적으로는 물결 모양을 떠올리게 했고 공간적으로는 스프링 모양을 닮아 보였다. 타종이 생명 활동의 중심적인 힘인 영혼에 가까워지기 위한 염원이든, 도리를 깨달아 옳게 살기 위한 기도 행위이든, 삶을 겸허하게 받아들이며 살기 위한 몸짓이든, 신에게 의지해서 소원하는 바를 이루기 위한 간청이든, 무수히 나열된 종과 그 종을 치는 행위 자체가 내 눈에는 예사롭게 보이지 않았다.

나는 사열하듯 양편에 늘어선 종들 사이를 그저 정원을 걷듯 설렁설렁 걸으면 안 될 것 같아 중간쯤부터는 좌측의 종들을 치며 걸어갔다. 다른 사람이 치는 종소리와 내가 치는 종소리는 사뭇 다르게 들렸다. 다른 사람의 종소리는 맑은 쇳소리에 불과했으나 내가 치는 종소리는 가슴을 때리며 머리를 감싸는 울림으로 전해져왔다. 이래서 뭐든지 바라만

볼 게 아니라 가능하다면 직접 해봐야 몰랐던 감정을 느낄
수 있게 된다.
사원의 종이 의미하는 깊은 뜻을 떠나 종소리는 듣는 이의
영혼을 맑게 해준다. 우리나라에는 집의 현관문에 종을 달
아 열고 닫을 때마다 울리게 하면, 악귀도 쫓고 그 집의 가
장 또는 가족이 하는 일에 행운을 준다는 속설도 있다.

쌀과 돈을 받고 점을 봐주는 심령술사

행복감이란 빈부와 관계없는 것

칼리카 사원에 다다르자 말끔히 차려입은 부녀와 생기 넘치는 젊은이들, 설렘과 수줍음으로 바라보는 커플, 기도하러 온 신도들이 한데 섞여 성스러운 표정들을 짓고 있었다. 가족 단위로 아이들까지 데려온 사람이 많았다.

어디를 가나 풍경을 배경으로 사진을 촬영하는 사람들이 있게 마련이다. 카메라는 거의 눈에 띄지 않았다. 해상도가 큰 핸드폰으로 촬영하는 현지인, 특히 젊은이들을 보면서 UN에서 최빈국으로 지정한 네팔이지만 참 많은 사람이 핸드폰을 소지하고 있다는 것에 놀라웠다. 그리고 삼성의 최신 제품이 많이 보여서 내가 가지고 있는 핸드폰이 무색할 지경이었다. 물론 빈국이라고 해서 국민 전체가 궁핍한 것은 아니다. 국가 전체로 봐서 그렇다는 것이지 개개인 모두가 형편이 어려운 것은 아니기 때문이다.

잘사는 사람, 특히 부호의 경우는 하인을 여럿 두고 자동차도 여러 대 소유한 저택에서 24시간 전기와 물을 아쉽지 않게 사용하고 호화로운 생활을 누린다. 하지만 어떤 이는 손바닥만 한 흙집에서 대가족이 맨발로 지내며 빗물과 산에서 내려오는 가축 오물이 스며든 물로 찌그러지고 까맣게 타버린 그릇과 함께 평생을 살아가는 사람도 있는 법이다.

정도의 차이는 있으나 부익부 빈익빈富益富 貧益貧이라는 빈부차는 전 세계 200여 개국 어디나 다 마찬가지가 아닐까 싶다. 단지 의문이 드는 것은 행복지수이다. 경제적으로 아쉬움 없이 잘살수록 행복지수가 올라갈까, 아니면 행복감이란 빈부와 관계가 없는 것일까. 행복지수가 가장 높은 나라는 대학 교육까지의 교육비와 의료비가 무상으로 제공되는 부탄을 비롯해 파라과이·콜롬비아·에콰도르 같은 나라라고 한다. 행복은 가진 것이 많고 적고에 의해 정해지는 것이 아니라는 말이다. 국가별 행복지수도 국민총소득에 비례하지 않는다.

핸드폰 사용을 두고 국민총소득 순위에 따라 그 사용 빈도를 따지는 것 자체가 무리이고 불필요한 계산일 수도 있다. 그러나 가족 모두 핸드폰을 보유하고(보유할 수밖에 없게끔 세상이 변모했고), 통신비에 휘둘리는 사용자의 처지에서 보면 핸드폰이란 단순한 통신 수단을 넘어 금전적으로 가계유지비의 상당액을 차지한다는 점에서 결코 만만하지가 않다.
어쨌거나 우리나라의 삼성전자는 반도체 분야에서 세계를 선도하는 기업에 걸맞게 지구촌 구석구석에서 삼성 핸드폰이 큰 인기를 끌고 있었다.

죽어가는 비둘기와 곁을 지키는 비둘기

사원을 배경으로 사진을 촬영하는 사람들과 정성스럽게 참례를 하는 신도들 사이를 벗어나 사원 뒤의 숲길 끝에 위치한 절벽 위 전망대로 방향을 틀었다. 숲의 길목에는 비둘기가 떼를 지어 모이를 쪼아 먹고 있었다. 비둘기 오물과 깃털이 널려 있는 외떨어진 바닥에 이르러 눈을 껌벅이며 죽어가는 비둘기 한 마리와 그 곁에서 지켜보는 다른 비둘기 한 마리를 번갈아 보며 가슴이 철렁했다.

동물의 표정 변화를 본 적이 있는가 생각해보니 없는 것 같다. 인간은 표정근이 있어서 다양한 표정으로 상태를 표현할 수 있고 그로 인해 진화에 한몫했는지는 모르지만 조류·어류·가축 등의 동물 얼굴에서 표정을 읽어본 적이 없다. 자기들끼리의 동족 간에 통하는 표정이 있을지 알 수 없으나 인간인 내 눈에는 그런 변화를 본 적이 없다.

저만치 무리를 진 비둘기들은 서로 모이를 쪼아 먹기 바쁜데 한쪽에서 죽어가는 비둘기는 외로 눕고, 곁을 지키는 비둘기는 두 다리를 모으고 앉아 서로 눈을 떼지 않고 껌벅거렸다. 그때 언젠가 내 집 발코니에 둥지를 틀고 사는 비둘기 부부를 내쫓고 나서 지은 시 한 편이 떠올랐다.

당시에 비둘기는 내 집에서 쉽게 나가지 않았다. 둥지를 치우면 어느새 또 와서 집을 짓고 알을 낳아 새끼를 부화시켰다. 새끼가 없을 때는 인기척에 훌훌 날아가 버렸다. 아직 날지 못하는 새끼가 있을 때는 인기척이고 뭐고 나와 눈이 맞아도 경계만 해댈 뿐 어디론가 도망가지 않았다.

사원의 뒤꼍에서 비둘기 한 마리가 땅바닥에 누워 죽어가고 있는데 다른 한 마리는 그 곁에서 임종을 시키고 있었다. 내 발걸음 소리에도 미동조차 하지 않았다. 비둘기는 자기 짝만 사랑하고 한눈을 팔지 않는다고 한다. 사람도 생명이 있고 비둘기도 생명이 있는데, 어떤 생명은 존귀하고 어떤 생명은 하찮은 것이랴. 죽어가는 모든 생명의 영혼을 위해 기도하는 마음으로 애틋하게 바라보다가 무거운 발걸음을 옮겼다.

전망대에서 바라본 절벽 아래 강줄기는 구불구불 이어졌다. 강물은 회색빛을 띠고 흘리갔다. 물 색깔이 검게 보이는 것은 히말라야의 눈이 녹으면서 검은 바위틈을 통과하기 때문이란다. 강줄기 곳곳에서는 검은 모래를 채취하는 광경을 볼 수 있었다. 강변 한쪽에는 채취한 검은 모래가 잔뜩 쌓여 있다. 네팔에서는 이 모래로 빚은 검은빛의 벽돌로 지은 건축물을 쉽게 찾아볼 수 있다.

비둘기로부터의 해방

우리 집에는 세 식구가 살지요. 이 집에 들어와 살기 전까지는 그랬지요. 발코니 한구석을 비둘기 가족이 차지할 때까지는 그랬지요. 비둘기가 알 낳고 부화하고 꼼지락거리다가 날아가면 또 알 낳고 부화하고 얹혀살기를. 어떤 때는 새끼 한 마리, 어떨 때는 두 마리, 늘 그쪽 식구가 우리보다 많지요. 새끼들이 독립했나 보면 어느새 찬란한 빛 뿜어내는 비둘기 알 두 개가 버젓이 놓여있고

한여름 밤에 아들이 으스스 춥고 떨리고 두통이 심하다며 기어 나오는 것을 보고 아내는 옳거니 비둘기 탓이네 뭐네 자정 넘은 시간에 당장 저놈들을 쫓아내버리라고, 아직 어린 새끼가 있으니 나는 그럴 수는 없다고, 경멸의 눈초리로 바라보던 아내는 아들이 저 모양인데 뭘 망설이느냐고 항변을 하고, 그래도 날개가 다 자라 날아갈 때까지 달포만 기다리자 사정을 하고

비 내리는 광복절 날, 훨훨 날아가는 새끼비둘기를 바라보며 태극기는 감격의 눈물을 뚝뚝 떨어뜨리고, 눈에 꽉 들어차는 똥 무더기를 치고 또 치고 닦고 또 닦고 빗속에 물바가지 연신 뿌려대고, 다시는 얼씬 못하게 철망 공사하는 꼴을 앞 동 가스 배관에 앉아 멀뚱히 쳐다보는 비둘기 부부의 한숨 소리

그러게 내 뭐랬냐고, 자리 잘못 잡은 거야

(2007년 8월)

네팔의 신부

네팔에서 빨간색의 의미
기쁨과 행복을 의미하며 결혼식에서 곧잘 사용되는 색이다. 빨간색은 결혼한 여자들이 즐겨 입는 색이며 과부들은 조의를 표현하는 흰색만 입는다. 네와르족 결혼식의 경우 남자 쪽 가족이 며느리 될 사람을 선택하고, 신부는 결혼식 날 우는 독특한 문화를 가지고 있다.

네팔의 결혼 제도
네와리족 여자는 총 세 번의 결혼을 하는데 첫 번째는 7~8세가 되었을 때 Eee라는 말린 사과와 하는 결혼식이다. 두 번째는 Guffa라는 태양과 하는 결혼식으로 10~12세 때 한다. 빗질하지 않고, 거울을 보지 않고, 흰옷을 입고, 해를 보지 않으며 남자들과의 접촉을 배제한 채 12일 동안 어두운 동굴에서 지낸다. 이 두 번의 결혼식을 하지 않고는 남자와 결혼할 수 없다. 요즘은 자유 연애가 허용되고 있지만 결혼 상대는 같은 종교여야 하고, 같은 민족 중에서도 같은 카스트의 이성이어야 하므로 집안에서 상대자를 정해주는 것이 대부분이다.

칼리카 사원에 도착해 차에서 내렸을 때 사원 입구의 야외 식장에서는 요란한 악기 연주와 함께 결혼식을 올리고 있었다. 힌두교도가 대부분인 네팔 국민은 힌두 사원에서 결혼식을 올린다. 마침 식이 끝나갈 무렵에 잠시 구경할 수 있었다. 빨간색의 드레스 사디를 입고, 목과 팔에 다양한 장신구로 치장한 신부는 아름다웠다. 신부를 거들어주는 여인들도 아름다웠다. 신랑은 양복에 전통 모자를 썼다. 참석한 하객이 신랑·신부에게 쌀을 던지기도 했다. 하얀 쌀처럼 행복하게 잘 살라는 의미를 지닌다. 우리나라에서는 폐백 때 신부에게 밤과 대추를 던진다. 아들 딸 많이 낳고 행복하게 잘 살라는 의미를 지니고 있는데 그와 많이 닮았다. 사원을 떠나려다가 아까 결혼식을 올린 신랑·신부가 한 무리 가족과 하객을 이끌고 사원 여기저기를 돌며 신에게 행복을 기원하는 뒤를 쫓게 되었다. 보는 내가 행복한 기분에 들뜰 지경이었다. 그런데 신부는 왜 표정이 굳은 걸까. 여행 중에 갓 결혼한 신부의 모습을 두 번 보았는데 두 번 다 신부의 표정이 굳어 있었다. 웃어도 되겠건만 왜 신이 난 신랑과 하객들 틈에서 혼자서만 고개를 숙이고 말없이 지휘자의 손에 움직이는 것처럼 따르기만 하는 걸까 의구심이 들었다. 네팔 신부는 결혼식 날 우는 문화에 따라 웃음마저도 감춰야 하는 것으로 보였다.

네팔은 결혼 후 대부분 여자가 힘든 일을 하고, 남자는 여자에게 이혼을 청할 수 있지만 여자는 요구할 수 없는 게 관습이라는데, 힘든 일을 여자가 거의 도맡는 것은 사실인 것 같다. 택시 기사뿐만 아니라 상점이나, 호텔에 근무하는 직원들은 주로 남자들이다. 그들이 상업 활동을 하고 있지만 도시를 벗어나면 여자들이 일하는 모습이 자주 목격되었다. 내 눈에 띄지 않아서인지는 모르겠지만 죄다 여자들이 일을 하고 있었다. 남자들은 여기저기 모여 수다를 떨고 있을 뿐이다. 카트만두 시내의 도로변 건축 현장에서도 열 명가량의 여자가 장갑을 끼지 않은 맨손으로 벽돌 나르는 걸 보았다. 그러나 생계가 어려운 지역의 남자들은 상당수가 돈을 벌기 위해 국경을 넘어 인도로 떠난다고 한다. 그래도 낮은 임금으로 인해 가정 형편이 쉽게 나아지기를 기대할 수는 없단다. 따라서 한국에 이주 노동자로 취업하거나 구르카 용병의 길을 가는 젊은이가 많을 수밖에 없다.

결혼식 후 폐백을 드리는 신부. 주변엔 참석한 하객이 많았다.

하여간 화려하게 치장한 신부는 빛이 나도록 아름다웠다. 밝은 웃음을 띠었다면 더 아름다웠겠지만 사랑만으로는 설명되지 않는 시댁에 대한 불편함과 부모 곁을 떠나야 하는 슬픔도 있을 것으로 짐작된다. 어쩌면 불투명한 미래가 시작되는 것이기에 기쁘고 행복한 혼인의 이면에 현실이라는 출발점에서 느껴야만 하는 복잡한 심경이 표정에 그대로 드러나는 것 같았다.

사원을 벗어나 주차장에 도착했다. 그때 결혼식에 참석한 무리 듬에서 유난히 자주 나를 바라보던 하객 중 나이 지긋한 남자가 내게 다가와서 뭐라고 말을 건넸다. 네팔어를 하지 못하는 나는 그가 전하려는 말을 알아들을 턱이 없었다. 손짓 발짓 섞어가며 대화를 해본 결과 그가 '바제'라는 단어를 몇 번 사용한 것으로 보아 신부의 할아버지인 것 같았다. 부인과 아들 내외 등 네 명이 이제 승용차 한 대로 돌아갈 참이라 했다. 그러면서 얘가 손자라며 아이를 소개하는 것도 잊지 않았다. 행렬이 움직이던 중에 신랑·신부가 하도 예뻐 보여서 "Be Happy"라고 축하해주며 미소를 지었을 때 그와 눈이 마주쳤는데 그도 내게 미소로 화답을 해주었다.

시종 웃음 띤 얼굴로 뭐라 말하는 통에 윤종수 목사에게 통역을 부탁할까 생각하다가 그냥 대충 알아들었기에 "Oh! Yes. Congratulations" 하고는 집에서부터 가져간 수제비누를 하나 선물했더니 부인도 달라 하고 아들 내외도 달라 하여 네 개를 선물하게 되었다. 그는 악수한 내 손을 잡고 놓지를 않았다. 어쩔 수 없이 포옹하는 것으로 작별을 했다. 그는 보이지 않는 곳까지 가는 동안 내내 얼굴을 차창 밖으로 내밀고 아쉬운 듯 손을 흔들어주었다. 무슨 인연이기에 이토록 내 가슴에 적잖은 여운을 남기고 갔을까.

바글룽

바글룽Baglung은 다울라기리 주에 있는 네 군데 도시 중 대표적인 자치 도시이며 바글룽 바자르Baglung Bazar라고도 불린다. 해발 약 1,020m의 고원에 위치한다. 칼리 간다키Kali Gandaki 강에 접해 있다. 남쪽으로는 칸테 코라Kanthe Khola 강이 흐른다.

네팔 포카라로부터 서쪽으로 약 37km, 수도 카트만두로부터 북서쪽으로 약 275km 거리에 있다. 히말라야 산맥 중 하나인 다울라기리 산으로의 관문 역할을 한다. 예전에는 네팔 남부와 북부를 잇는 상업 거점 지역이었다. 비즈니스, 금융, 교육, 서비스 산업이 발달되어 있고 다인종 다문화 공동체이다. 마가르족Magar族, 브라만족Brahman族, 체트리족Chhetri族 등 다수의 민족이 거주하며 대부분 힌두교 신자이고 일부는 불교를 믿는다. 그 외에 네와르인(네팔의 몽고계 민족)과 구룽족 등 소수 민족도 섞여서 살고 있다. 바글룽은 다울라기리 산과 안나푸르나의 아름다운 풍경을 접할 수 있는 지역으로 외국 관광객에게 인기가 높다. 폭포, 숲, 깊은 골짜기와 동굴이 전 지역에 걸쳐 산재해 있으며, 트레킹과 자전거 타기에 이상적이다. 래프팅 스릴을 찾는 사람들이 많다. 다울라기리 산으로의 출발점 역할도 한다. 도로망의 확장으로 여행자들에게 집결 지점 역할을 하고 있다.

BAGLUNG
MACHHAPUCHHRE BANK ATM
GYANODAYA BUDDHA BIHAR
NEPAL Electricity Authorit
HOLY CHILD SCHOOL
SUMMIT DHAULAGIRI HOTEL
STORE
KANTHE KHOLA
80m Suspension Bridge
NEW BUS PARK BAGLUNG
PUSHPALAL Hwy

홀리 차일드 스쿨

홀리 차일드 스쿨 정문
정문 좌우에 그려진 그림을 비롯해서 교내 벽에 그려진 그림은 한국의 학생들이 그린 벽화이다. 양옆의 큰 건물 사이로 깊숙이 단층 건물의 교사가 ㄱ자로 놓여 있다.

다음 목적지는 칼리카 사원에서 그리 멀지 않은 곳인 바글룽Baglung에 있는 홀리 차일드 스쿨Holy Child School을 방문하는 것이다. 산에서 내려오자마자 대기하고 있던 렌트 버스에 올랐다. '성스러운 학교'라니, 이름에서 기독교적인 느낌을 읽을 수 있었다. 분명 우리나라의 초등학교에 해당하는 시설에서 지원이 필요한 아이들에게 하느님의 이름으로 무상 교육을 시키는 것이리라.

학교에 도착하였더니 마침 파할 시간이었다. 샤히 교장을 만났다. 그는 단순히 한 학교의 교장이 아니라 마을의 발전을 위해 여러 가지로 애쓰고 있는 '네팔식 새마을운동가'인 셈이었다. 그는 산골 마을의 어렵게 사는 여성들을 모아 재봉 기술 교육을 통해 주민의 경제적 향상을 도모하고 있었다. 그는 주민들과 협의하여 버쿤데 마을에 커피 묘목을 심을 땅까지 확보해놓은 상태여서 트립티를 통해 한국에서 묘목 심기에 십시일반 참여한 사람들의 뜻을 여실히 펼칠 수 있게 되었다.

홀리 차일드 스쿨의 6세부터 16세까지의 초중등부 학생 100

여 명은 운동장에 정렬해서 학생 대표의 선창과 북소리에 따라 구호를 외쳤다. 아이들의 카랑카랑한 함성이 옆 건물의 벽을 타고 올라가 하늘 높이 울려 퍼졌다. 이어 트립티 최정의팔 대표가 우리들을 일일이 소개하고 짧은 인사말을 했다. 그리고는 "나를 아는 사람 있나요? 전에 여러분을 만났었는데, 기억하는 사람 있으면 손들어보세요" 하니 열 명가량이 만면에 웃음을 머금고 손을 번쩍 들었다. 상급반일수록 더 많은 인원이 그를 기억하고 있었다.

당연하게도 나는 학교의 성격과 입학 대상, 운영 현황, 선생님들의 수와 분포 등 전반적인 것에 대해 전혀 아는 게 없었다. 관심을 가지거나 겪어보지 않고 겉모습만 보고는 알 수 없는 것이다. 다만 오래전부터 많은 사람이 자기의 시간, 비용, 재능을 나누고 있다는 사실이 감동스러울 따름이었다.

처음 내 눈에 비친 것은 학교의 시설 규모였다. 건물은 단층이며 작고, 높이가 낮고 어두웠다. 교실 수는 예닐곱 개 되었는데 한 교실에 빽빽하게 20명가량 수용하는 크기였다. 교직원 사무실은 더 작았다. 선생님은 총 열여덟 명 정도 된다고 했다. 그나마 정부에서 파견한 선생님은 세 명뿐이고 나머지는 자원봉사의 성격을 띠는 것 같았다.

솔직히 말하자면 학생과 책걸상을 교실에서 빼내고 가축을 집어넣으면 그대로 축사로 봐도 될 정도로 허술해 보였다. 교실의 맞은편 빌딩 외벽에 면한 화장실에서는 퀴퀴한 냄새가 문틈과 처마 밑에서 풀풀 흘러나오고 있었다. 위생 측면에서만 보면 더 오래 머물 생각을 접게 만들기에 충분했다.

학생들의 표정은 밝았다. 아침이면 전쟁 치르듯 등교하기에 바쁜 것은 어느 집에서나 볼 수 있는 풍경일 것이다. 그 아이들이 하루의 수업을 마치고 종종걸음으로 뛰어서 하교하는 표정은 날아갈 듯이 보였다. 밀물처럼 교문을 타고 넘어 하교하던 홀리 차일드 스쿨의 아이들이 어느새 흔적도 없이 사라졌다. 금세 고요해진 학교 마당을 나와 길 건너 골목 안에 있는 샤히 교장의 집으로 발걸음을 옮겼다.

방과 후 귀가하는 아이들

시냇물이 모여 큰 강을 이룬다

나는 과거 20여 년에 걸쳐 독거노인, 중증 장애인, 아동 복지 시설, 그리고 한센인이 생활하는 소록도 주민의 거소 등에서 봉사활동을 한 적이 있다.

어줍잖게 관여하기는 했지만 봉사활동을 하며 느낀 것 중에 하나가 어쩌다 시간을 내서 참여하는 사람들보다 특별한 신념으로 뭉친 듯 일하는 종사자들의 모습을 통해 깊은 감명을 받았다. 일회성이거나 부정기적인 활동을 하고도 마치 사회에 큰 기여라도 한 것처럼 자기를 추켜세우는 사람보다는 꼭 필요한 위치에서 묵묵히 선행을 실천하는 그들을 보면 이 땅의 성자라는 생각마저 드는 것이었다. 봉사활동에서 중요한 것은 보이는 것과 보이지 않는 것의 괴리감을 줄여야 한다는 점이다. 마음에서 우러난 순수성이 있어야 진정한 마음으로 그들을 바라볼 수 있고 몸이 따라가게 되는 것 같다. 그런 마음가짐이어야만 비로소 일회성이 아닌 지속성으로 그들과 소통을 이루고 이해의 폭이 넓어질 수 있게 된다.

국가나 사회 또는 이웃을 위하여 자신을 돌보지 아니하고 힘을 바쳐 애쓰는 '봉사'는 여러 가지 형태의 모습들로 나타난다. 눈에 쉽게 띄지 않는다고 하여 봉사가 아니고, 눈에 잘 띄이야만 봉사가 되는 것은 아니다. '시냇물이 모여 큰 강'을 이루듯 어떠한 시냇물이라도 큰 강을 위해 필요한 요소가 된다. 다만 깨끗한 물줄기이길 바랄 뿐이다.

어떤 개인이 또는 특정 단체가 전체 사회나 국가를 구제할 수는 없다. 그러나 영향은 미칠 수 있을 것이다. 불가항력적인 규제가 없는 한 다수가 원하는 목표는 양심과 행동을 통해서 전염시킬 수 있다. 변화를 기대할 수 있는 가장 큰 무기는 교육이다. 그러므로 어떤 환경 속에서도 교육 사업은 대단히 중요한 것이다. 그 교육 현장에서 샤히 교장 부부를 비롯한 홀리 차일드 스쿨 관계자들은 앞장서서 실천하고 있었다.

홀리 차일드 스쿨 방문은 학교의 설립 배경, 교장의 신념, 기꺼이 자신을 나누는 선생과 선생을 따르는 학생들, 지원하는 NGO 단체 등에 관심을 갖게 했다. 그리고 자기 비용을 들여 어깨에 날개를 단 듯 훨훨 날아가 함께 놀아주는 우리나라의 젊은 청소년들을 보면서 지역사회를 넘어 지구촌이 하나라는 사실을 새삼 확인하는 계기가 되어주었다.

산행 중에도 끊임없이 통화하는 샤히 교장

홀리 차일드 스쿨

케이비 샤히 교장은 교육 불모지인 바글룽에서 25년 전부터 가난한 가정 어린이(달릿 계급, 장애아, 여성)를 위해 사립학교 홀리 차일드 스쿨을 운영하고 있다. '아는 것이 힘이다'라는 모토를 걸고 있다. 남자와 여자 공용으로 자유롭고 상호 이해에 바탕을 둔 교육 방식으로 청소년들에게 수준 높은 지적, 육체적, 영적 훈련을 시키고 있다. 현재 홀리 차일드 스쿨은 총 355명의 재학생(장애인 30명 포함) 중 205명에게 장학금을 지급하고 있다. 학교를 운영하는 장학금은 지역 주민들과 함께 조직한 네팔 컨선에서 담당한다. 네팔 컨선은 사회복지단체로 2008년 설립 이후 학교를 통해 가난한 어린이들에게 질 높은 교육을 시키도록 지원하고 있다. 홀리 차일드 스쿨은 현재 중학교 과정까지 10학급을 운영하고 있는데 금번에 네팔 교육 제도가 바뀌어서 2학급을 증설해 고등학교까지 인가를 받도록 요청받고 있다. 현재 교사로는 10학급만을 운영할 수 있으며 임대한 학교 부지도 좁아서 더 증설할 수 없다. 그뿐만 아니라 이미 25년이 지난 건물들이라 낡아서 신축이 불가피하다.

샤히 교장은 장기적으로 '네팔 공동체 발전을 위한 홀리엔젤스지원센터'를 꿈꾸고 있다. 이러한 비전을 실현하기 위해 무엇보다도 먼저 새로운 교사를 신축해야 한다. 샤히 교장은 교사 이전을 위해 몇 지역을 답사한 후 새로운 땅을 임대해 신축하기로 했다. 교사 한 동을 짓는 데 300만 원이 드는데 12학급을 위해 3,600만 원이 필요하다. 교사 각 동에는 기증자에게 감사의 뜻을 표하기 위해 입구에 기증자 이름을 표기하기로 하였다.

샤히 교장

샤히 교장은 바글룽 산골인 버쿤데 출신으로 세 살 때 인도 첸나이로 유학을 갔다. 무학인 아버지는 배움에 한이 맺혀 가족들을 네팔에 남겨두고 샤히만 데리고 첸나이에서 경비 등을 하며 아들을 교육시켰다. 샤히는 이곳에서 기독교 학교인 홀리 차일드 스쿨에 다녔고, 첸나이 마드리스 대학교에서 과학을 전공했으며, 졸업 후 취업 생활을 시작하였다. 1989년 한 달 동안 휴가를 받아 바글룽에 와서 공립학교에서 교사로 자원봉사를 하게 되었다. 이것을 계기로 아버지로부터 1만 루피(당시 100만 원)를 지원받아 땅을 임대하여 학교 교사를 짓고 유치원으로 첫 학교를 시작하였다. 1996년 세계 보이스카우트 대회가 한국에서 열릴 때 한국에 입국한 샤히 교장은 의정부 섬유공장, 인천 전자회사에 다니며 월급과 아르바이트 비용을 전액 저축하여(대략 2,000만 원) 학교 기숙사를 짓게 되었다.

샤히 교장은 이곳에서 한국어 배우기를 원하는 사람들에게 한국어 교사 역할을 맡고 있다. 학교 재정 수입을 위해 홀리엔젤어학원을 운영하고 있는데, 이 학원은 EPS(고용허가제)에 의하여 운영되는 한국어 능력 평가 시험에 응시하기 위한 네팔인들의 공부를 도와주고 있다. 홀리엔젤어학원은 EPS가 체결된 이후 시작하여 현재까지 1,000여 명 넘게 한국으로 보냈다고 한다. 샤히 교장 선생님은 단순히 학교의 교장이 아니라 마을의 발전을 위해 여러 가지로 애쓰고 있는 '새마을운동가'라는 인상이 짙어졌다. 그는 이미 산골 마을마다 주민을 모아 재봉 교육을 실시하여 마을 주민들의 경제적 향상을 위해 다방면으로 노력하고 있다.

현지에서 예배에 참석하다

나는 선대 이전부터 가톨릭 신자인 집에서 태어났고 앞으로 손녀들 또한 성당에서 많은 시간을 보낼 것이다. 기독교든 불교든 추구하는 목적은 같을 것이니 서로 상대방의 종교를 존중하고 인정해야 한다고 생각한다. 살아오는 동안 친구가 기독교인이라서, 지인이 목사라서, 어떤 행사는 교회에서 하는 관계로 자연스럽게 예배에 여러 번 참석했다. 그래서 예배의 분위기가 어떤지 알고 있다. 네팔은 어떨지, 이곳 바글룽 교회의 예배는 어떤 모습일지 궁금했다. 마침 한국에서부터 성찬기를 선물로 준비해간 최정의팔 목사와 설교를 맡은 윤종수 목사, 그리고 신자인 분이 계셔서 여행 중인데도 불구하고 잠시 시간을 내 현지 예배에 참석하기로 했다.

예배는 저마다 악기를 든 성가대의 성가로부터 시작되었다. 단상 중앙에는 기타를 든 젊은 이가, 좌측에는 통북을 치는 소년이, 우측에는 여성 성가대가 자리를 잡고 연거푸 몇 곡의 성가를 불러주었다. 엄숙하기도 했지만 매우 즐겁고 흥겨웠다. 사회는 샤히 교장의 부인이 맡았다. 중간에 집사 신분으로 보이는 여신도가 기도를 도맡았다. 마침 예배에 참석한 윤종수 목사가 설교를 하고 샤히 교장은 통역을 했다. 그런데 처음부터 예배를 주관하는 목사는 보이지 않았다. 언제 등장할지 궁금했으나 예식이 전부 끝날 때까지 목사의 역할은 없었다. 평신도가 주관하는 기도와 성가대의 성가가 예식의 대부분을 차지했다. 성가를 열댓 곡 정도는 부른 것 같았다. 성가로 시작해서 성가로 끝났다.

예배가 끝나고 일행은 소개를 통해 자기를 알릴 기회가 주어졌다. 나는 꼭 하고 싶은 말이 있던 것은 아니었지만 즉흥적으로 생각난 네팔의 문자에 대해 느낀 소감을 말하고 싶어졌다. 네팔의 문자는 고대 인도에서 생겨나 발달한 문자인 데바나가리 문자로 산스크리트어를 이룬다. 각 문자는 낱말 윗부분의 일직선에 매달리는 형태로 쓰인다. 현대어에서는 이 수평선이 낱말 단위로 그어져 있으나 산스크리트어 전통 서법에서는 낱말이 아닌 문장 전체에 이 수평선을 일직선으로 그었다. 고대 인도란 정확히 언제 적을 이야기하는지, 기원은 어떻게 되는지를 떠나 1·2·3과 가·나·다를 현지어로 어떻게 쓰는지조차 일자무식인 상태에서 그림의 한 형태로밖에 보이지 않는 문자에 대해 나는 "세상 모든 만물이 하나의 줄에 매달린 형상"이라며 말을 이어나갔다.

"한국에서는 예전에 아기를 낳으면 대문 위에 '금줄' 혹은 '인줄'이라고 하는 새끼줄을 걸고, 아들이 태어나면 숯과 빨간 고추를, 딸이 태어나면 숯과 솔잎을 끼워서 아기가 태어났음을 알리는 풍습이 있었다. 요즘도 시골에서는 운이 좋으면 대문에 아기가 태어났음을 알리는 새끼줄이 가로로 걸렸음을 볼 수 있다. 내가 태어났을 때도 분명히 숯과 고추가 끼워진 새끼줄이 여봐란듯이 걸렸을 것이다. 그런데 네팔 문자는 줄에 온갖 것들이 주렁주렁 매달려

있다. 세상에 존재하는 보이는 것과 보이지 않는 모든 것을 달고 있다." 그러면서 "네팔의 훌륭한 문자를 사용하는 여러분 앞에 놓인 줄의 한쪽은 하느님이, 다른 한쪽은 교우들이 잡고 주님 안에서 오래도록 건강과 행복을 누리시길 빈다"고 말했다.

샤히 교장은 주저 없이 곧바로 통역했으나 의사 전달이 제대로 됐는지는 알 수가 없다. 왜냐하면 대문·금줄·인줄·숯·새끼줄 등의 단어가 그에게는 분명 생소했으리라.

샤히 교장 부부에게는 두 딸이 있다. 그중 둘째 딸인 엔젤Angel은 매우 명랑했다. 처음 본 내게 와서 자기 필통을 열어 보이며 자랑하더니 내 모자를 벗겨 제 머리에 옮겨 썼다. 그런 쾌활한 모습이 참 예뻐 보였다. 그런 엔젤의 모습에서 두 손녀의 얼굴이 떠올랐다.

예배를 마친 후 아래층으로 내려가 점심식사를 하기로 했다. 메뉴는 라면이었다. 기왕이면 카레 맛이 나는 네팔 라면을 맛볼 수 있길 바랐으나 막상 끓여온 것을 보니 한국 라면이었다. 우리를 위해 특별히 마련해준 것이라 했다. 김치 대신에 생오이와 마늘을 먹었고, 찰진 밥 대신에 흩어지는 밥인 바스-마티 라이스Bas-mati Rice로 식사를 했다.

여행을 마치고 돌아온 후 한 달 뒤에 샤히 교장이 부인과 함께 우리나라를 방문하게 되었다는 얘기를 듣고, "두 딸을 데려올 수 있으면 좋겠다. 그러면 한국에 체류하는 동안 두 딸은 내 아들 집에 머물며 손녀들과 어울려 놀이공원이며 바다며 아이들이 좋아할 만한 데를 두루 구경시켜주고자 한다"며 초대했으나 다음 기회로 미루어야 했다. 아마도 학교를 결석할 수 없기 때문인 듯한데 이해가 되면서도 아쉬운 기분이 들었다.

현지 가정식

바스-마티Bas-mati는 '향긋한 것'이라는 뜻이다. 밥을 지으면 찰지지 않다. 이 쌀은 '신들의 곡식'으로 불리며, 1년 이상 묵혀 먹는 것이 가장 맛있다고 한다. 'Long grain rice'라고도 불린다.

이번 네팔 여행에서 달밧은 몇 번 먹어봤는데 네팔의 주식인 달밧 상차림이 과연 집집마다 비슷한지, 맛과 향이 내가 먹어본 것과 크게 다름없는지 궁금해졌다. 마음 같아서는 아무 집에나 불쑥 들어가 그 집 가족들 틈에 끼어 접시 하나를 차지하고 싶기도 했다.

같은 된장찌개라 해도 어머니가 끓인 것과 며느리가 끓인 것의 맛이 다르다. 내 집 다르고 옆집 다르다. 재료에 따라 다르고 간에 따라 다르다. 어제 먹은 것과 오늘 먹은 것이 또 다르다. 그런데 희한하게 달밧은 그 맛이 그 맛이었다. 외국인이 이집 저집에서 각기 된장찌개를 먹어본다 해도 내가 달밧에서 느끼는 것처럼 그 맛이 그 맛일 것이다. 본래 음식이란 미묘한 차이에 의해 천 가지의 맛으로 나타난다. 아무래도 매일 먹어온 음식이 아니라서 작은 차이를 느끼지 못하는 것 같았다.

샤히 교장 댁에서 준비한 달밧은 부족하지 않게 충분히 마련했을 테지만 순식간에 그릇이 비워졌다.

바글룽 시내 산책

해가 뉘엿뉘엿 지고 있었지만 전기가 공급되려면 몇 시간을 더 기다려야 하고 욕실에 물도 나오지 않아 동료 한 사람과 바글룽 시내를 구경했다. 가게들은 대체로 작고 문이 없는 구조여서 먼지가 수북이 쌓일 수밖에 없었다. 구비해놓은 물건 종류도 그리 다양하지 않았다. 가게마다 취급하는 물건이 다 달라 보였다.

동료가 물건을 고르는 동안 도로변에 서서 건너편 가게들을 훑고 있는데 갑자기 웬 처녀가 다가와 "안녕하세요" 하며 한국말로 인사를 했다. 바글룽에서는 한국인 보기가 어려운데 언뜻 생김새가 한국인 같아 반가움에 아는 척하는 것이라고 했다. 물론 나도 반가웠다. 그녀는 KOICA 단원인데 의료 봉사 과정으로 왔다며 이미 알고 있었다는 표정으로 샤히 교장 선생님으로부터 한국에서 몇 분이 오시기로 했다는 말을 들었다고 했다. 나는 고개를 끄덕이며 좋은 일을 하는 만큼 보람이 있기를 빌며 남은 기간 많이 베풀고 가슴에도 많이 담아 가게 되기를 바란다는 말로 작별 인사를 했다.

KOICA 한국국제협력단 Korea International Cooperation Agency, 韓國國際協力團
경제 개발 과정에서 축적된 우리 기술과 경험을 바탕으로 개발도상국의 경제·사회 발전을 지원하고 최빈국 주민의 복지를 향상시키는 등 국제적인 협력을 목적으로 설립된 정부 재정 지원 기관이다.

제과점이 눈에 띄었다. 반가운 마음에 도넛과 콜라를 주문했다. 콜라는 차갑지 않더라도 탄산에 의해 톡 쏘는 청량감 때문인지 시원하게 느껴졌다. 제과점 옆 점포에 아이스크림이라는 영어 글자가 보여 뚜껑을 열고 통을 들여다보니 아이스콘 몇 개가 눈에 들어왔다. 물컹거렸다. 아차, 전기! 전기 공급이 제한되고 있다는 사실을 순간적으로 깜빡했다. 콘의 포장지를 벗기면 내용물이 주르르 흘러내릴 것만 같았다. 물이 들어찬 고무풍선마냥 위태로웠다. 나는 됐다며 손사래를 쳤다. 젊은 여주인은 '여기선 다들 그러려니 하고 사서 먹는데 유난 떨기는' 듯한 표정이었다. 애써 주인의 눈총을 피하느라 민망스러웠다.

구름다리 건너에서 본 바글룽 시내

80m 구름다리

내일 아침 일찍 해발 2,100m 높이에 있는 버쿤데 마을로 가게 될 길목에 있는 구름다리를 산책하기로 했다. 바글룽 시내에서 산악의 버쿤데 마을로 가기 위해서는 버스파크를 지나 80m 높이의 구름다리를 건너가야 한다. 길이는 재보지 않았으나 족히 200m쯤 되었다. 구름다리가 생기기 전에는 계곡을 오르내리며 건너다녔다고 한다. 짐까지 이고 지고 건넜다면 족히 한 시간 이상 걸리는 길을 10분도 채 되지 않는 생활권으로 이어주었다. 비록 사람과 가축만 이용하는 다리이지만 이 다리는 바글룽의 명소가 되기에 충분했다.

나는 젊어서 위험을 감수하는 편은 아니었지만 모험을 즐겼다. 1970년대 중반 20대에는 남대문시장과 을지로에서 테크론천·알루미늄 파이프·볼트·너트·턴버클·와이어 로프 등을 각각 구입해서 행글라이더를 만들어 탔다. 당시 동료들과 함께 국내 최초로 행글라이더를 직접 만들어 활공 훈련도 시키고 보급하게 된 셈이다. 전체 무게는 15kg가량 되고, 안양 석수동 삼성산에 올라 행글라이더에 몸을 묶고 크로스바를 조종하며 산 아래 평지까지 날아가는 것은 말로 형언할 수 없을 만큼 쾌감을 주었지만 위험도 따랐다. 자주 즐기지는 않았지만 래프팅·번지점프·민물 수영도 그렇다. 안전하게 설치된 구름다리 하나 건너는 데 거창한 모험을 예로 든다는 것이 머쓱하기는 하다. 하여간 한 여성은 흔들거리는 다리 위에서 무서웠는지 중간도 가기 전부터 울음 삼킨 목소리로 난간의 줄을 쥐고 겁에 질려 소리를 질러댔다. 그렇게 소리라도 질러대야 덜 무서울 것 같아 보였다. 학생들과 주민들이 지나가며 재미있는 표정을 지었다. 웃음은 만국 공통어임을 확인하는 순간이었다. 말도 필요 없이 서로 바라보고 웃을 수 있어서 좋았다.

바글룽 시내와 버쿤데 마을을 이어주는 높이 80m의 구름다리

바글룽 버스파크

구름다리를 건너기 바로 직전에 버스 주차장이 있다. 안전벽이나 보호물이 따로 없는 벼랑 끝에 일열 횡대로 대형 버스 10여 대가 주차되어 있었다. 이곳 버스들은 트레커들이 이용하거나 나야풀 등 각지로 출발하는 승객을 태우기 위해 대기하는 장소로 보였다. 어떤 버스는 물이 귀한데도 불구하고 양동이에 담긴 물을 바가지로 연신 부어가며 세차를 하고 있었다. 그러고 보니 세워져 있는 버스들의 외관이 모두 깨끗했다. 세차하는 젊은이의 남루한 복장과 맨발로 보아 그는 운전기사가 아닌 세차만 전문으로 하는 사람처럼 보였다.

버스파크는 두 번을 오가며 지나쳤다. 그때마다 매표소가 어디 있는지, 있기나 한 것인지 의문이 생길 정도로 눈에 띄지 않았다. 아무래도 외지인이라서 찾지 못하는 것일 수도 있었다. 이런 경우 버스 앞에 모여 잡담을 나누고 있는 기사에게 물어보면 해결될 것이다.

지금의 젊은 세대들은 용감하게도 배낭여행 등 자유로운 여행을 즐기는 터라 세계 어디든 대중교통을 이용해서 값싸고 질 좋은 경험들을 한다. 나이든 사람들로서는 상상하기 어려운 여행을 과감하게 즐기고 있다. 분명히 이 바글룽 버스파크도 이용할 젊은이들의 생동감 넘치는 표정이 저절로 그려졌다.

네팔 오이

숙소로 돌아왔더니 아직 전기는 공급되지 않고 있지만 다행히 물은 나오고 있었다. 종일 땀과 먼지로 꿉꿉하여서 샤워부터 마치고 짐을 대충 정리해놓았다. 해는 이미 졌고 잠잘 시간은 아니어서 다시 시내를 돌아보기로 했다. 시내는 어두웠다. 주민들은 집에 있지 않고 모두 밖에 나와 도로와 골목 여기저기에 모여 담소를 나누고 있었다. 거뭇거뭇 움직이는 물체들이 조금은 무서워 보이기도 했다.

주도로에서 굽어 들어간 골목 중간쯤에 채소 가게가 눈에 띄었다. 오이가 갈증을 덜어줄 것 같았다. 네팔의 오이는 우리나라의 애호박만큼이나 크다. 길이는 한 배 반이 넘고 지름은 5cm가 넘는다. 맛은 거의 같다. 값이 얼마나 할지는 모르지만 한 개만 달라기에는 쑥스러워서 세 개를 달라고 했다. 여주인은 저울에 달더니 내가 보여주는 지폐 중에 100루피 지폐 한 장을 가져가고 25루피를 돌려주었다. 75루피(한화 750원)라니, 괜히 미안한 생각마저 들었다. 네팔에서는 오이를 '까끄로'라 부르며 과일 취급을 하고 아이들이 즐겨 먹는다. 계산을 마치고 그 자리에서 칼을 달라고 했더니 주인의 딸이 안으로 들어가 부엌칼을 가져왔다. 오이 한 개를 깎고 있는데 지나가던 행인과 건너편에 모여 있던 주민들이 우르르 몰려와 주위에 둘러섰다. 깜짝 놀랐다. 외국인을 봐서 신기했을까, 남자가 길거리에 서서 오이를 깎고 있는 게 구경거리였을까, 자기네들과 조금 다르게 생긴 이방인이 칼을 들고 있는 게 관심거리였을까. 보거나 말거나 오이 하나를 다 깎은 다음에 칼을 돌려주고 숙소로 걸어가며 다 먹었다. 그러면서 1960년대 먹을 게 귀한 시절에 수박, 참외, 오이, 무 따위를 서리해 후미진 곳에 숨어 낄낄거리며 나눠먹던 어린 시절이 떠올라 빙긋이 웃었다.

다섯째 날

언젠가 네팔의 수많은 어린이들이 생활고로 말미암아 인도에 노예로 팔
려가거나 싼값에 인신매매된다는 뉴스를 접한 적이 있다. '입에 풀칠이
라도 하기 위해서'라는 말이 있다. 그래서 더 현기증이 나도록 가슴 아
프게 저려왔다.

네팔의 토요일은 우리의 일요일

하룻밤 산중에서 지낼 소지품만 챙겨서 샤히 교장 집으로 갔다. 그의 집은 4층 건물인데 1층은 방과 후 어린이를 돌보는 시설, 2층은 사무실과 재봉 수업을 위한 작업실, 3층은 주거 공간과 식당, 4층은 강당 겸 교회 시설로 사용하고 있었다.

오늘은 토요일이다. 네팔은 토요일이 휴일이다. 일요일은 한 주를 시작하는 첫날로 한국의 월요일에 해당하며, 공무원·직장인 등 모두가 정상적인 근무를 하고 학생은 학교에 등교한다. 따라서 교회에서 말하는 주일은 토요일이 되는 셈이다. 토요일이 휴일인 네팔이 생소하다 못해 신기했다. 네팔의 학교와 관공서의 근무 시간은 오전 10시부터 오후 4시(하절기에는 5시)까지이다. 금요일은 2000년대 이전의 우리나라처럼 반공일이므로 일반적으로 오전에만 근무한다.

대다수 국가가 서기력을 사용하는 데 비해 네팔은 힌두력인 네팔력 Vikram Samvat 을 사용한다. 서기력보다 57년 앞선다. 힌두력의 새해 첫날은 서기력으로 4월 14일에 해당한다. 즉 서기 2016년 4월 14일은 힌두 2073년 1월 1일이 된다. 달력이 두 개인 셈이다. 그밖에 셰르파족과 티베트족은 음력 1월 1일을 새해 첫날로 치고, 네와르족은 11월경에 새해를 시작한다.

2007년에 왕정에서 민정으로 바뀌면서 예수성탄대축일(성탄절)을 공휴일에서 제외했다. 네팔 내무부 규정에 그리스도인 공무원만 성탄절에 쉴 수 있게 하고 있다.

1월 1일 신년(New Year)
우리나라의 설날.

1월 30일 순국의 날(National Martyrs' Day/Sahid Dibas)
우리나라의 현충일.

2월 19일 민주화의 날(National Democracy Day)
1950년, 104년간 네팔을 지배한 라나 정권이 막을 내리고 민주화로 바뀐 날이다
(네팔어로 '프러자턴트러 디버스'라고 한다)

2월 23일 마하 시바 라트리 축제(Maha Shiva Ratri Festival)
시바 신의 탄신일. 2월에 열리는 시바 신의 탄신일을 기념하는 축제로 수천 명의 순례자들이 더라이
(Terai) 지역과 인도로부터 건너와 이 축제에 참가한다. 축제는 밤에 열린다. 시바 신이 태어난 시간에
맞추어서 시바 신을 보기 위해 파슈파티나트 사원(Bathers at Pashupatinath Temple) 앞에 아침부터
모여서 음식을 나누어 먹거나 춤을 추며 즐긴다. 사원에서는 대규모 힌두교 뿌자 의식이 거행된다.

2월 26~28일 로싸(Lhosar, Tibetan New Year)
티베트계 유민들의 신년 축제. 불교 승려가 축복을 내리는 의식이 정오경부터 보드나트 사원(Bodhnath
Temple)과 스와얌부나트 사원(Swayambhunath Temple) 스투파(Stupa)에서 펼쳐진다. 이날은 가족
구성원 전원이 함께하는 중요한 행사이기도 하다. 집이나 길에 한 해 행운을 기원하는 색색의 깃발을 꽂
고 짬바(보릿가루)를 허공에 뿌리면서 새해맞이를 한다.

3월 10일 홀리 축제(Fagu Purnima, Happy Holi)
묵은해를 보내고 새해를 맞는 축제. 추위와 더불어 묵은해를 보내고 따뜻한 봄 날씨와 더불어 새해를 설
계하는 축제다. 색색의 가루를 탄 물을 풍선 안에 담아 서로에게 던지며 즐긴다. 봄을 맞아 색가루로 물
들게 된 옷은 새 옷으로 갈아입고(지난해의 묵은 때를 벗기고), 몸은 깨끗이 닦아 자연의 생기를 맞는다
(새로운 해를 시작한다)는 뜻이다.

3월 16일 차트라 다샤인(Chaitra Dashain)
소규모 다샤인 축제. 네팔력 12월에 열린다. 10월에 열리는 큰 다샤인 축제와 반대되는 작은 다샤인이
며, 라마연에 주인공인 람 신이 라원 신을 이겨서 승리를 축하하는 축제이다. 이 축제는 코트 광장에 모
여서 많은 염소와 버팔로 등을 두르가 여신에게 제물로 바친다.

3월 26일 고데 자트라(Ghode Jatra)
'Ghode'는 네팔어로 '말'이라는 뜻이다. 카트만두 중심에 있는 투디켈 광장 잔디 속에 악마가 묻혔다고 생각
하여 해마다 말을 잔디에서 뛰어놀게 함으로써 악마가 나오지 못하게 하는 상징적인 행사다. 이날 네팔 군인
이 말을 타고 여러 가지 묘기를 선보인다. 쿠마리 데비도 행차하며 수많은 인파가 모여 축제를 즐긴다.

4월 14일 네팔 신년(Nepali New Year/Nava Barsa)

힌두력에 따른 네팔의 새해 명절. 'Nava Barsa'는 네팔어로 '새해'라는 뜻이다. 비스카 자트라 축제(Biska Jatra Festival) 또는 박타푸르 축제(Bhaktapur Festival)로 활기를 띤다. 이 축제는 4월 중순에 시작해 9일 동안 박타푸르에서 대규모의 행렬과 함께 성대한 축제가 진행되고, 네팔 각 지역에서 여러 행사를 벌인다. 박타푸르는 고대 문화 중심지로 네와르족의 모습들이 많이 남은 지역이다. 매년 현지인들뿐만 아니라 여행객들이 한꺼번에 몰리면서 압사의 위험이 있다.

5월 9일 석가탄신일(Buddha Jayanti)

불교도의 행렬이 이어진다. 보드나트 사원(Bodanath Temple)에는 세계 각지에서 순례자들이 집결한다. 부처의 탄생지로 알려진 룸비니에서는 이날 하루만 부처가 탄생한 방을 공개한다.

8월 5일 자니 푸르나이마(Janai Purnima)

높은 신분의 힌두인들은 왼쪽 어깨에서 오른쪽 겨드랑이까지 묶은 저너이라는 성스러운 실을 걸치고 가여트리 만트라를 읊는다. 사두들은 힌두교도의 손목에 부정을 막는 실을 묶어준다. 네와르 카스트는 콩으로 만든 아홉 가지의 각기 다른 음식을 준비하여 먹기도 한다. 파탄의 코사이쿤더 호수에서는 힌두인이 성스러운 영혼의 정화 의식인 목욕을 하기도 한다. 힌두교에서는 시바 신이 이곳에서 목욕했던 곳으로 믿고 있다.

8월 6일 가이 자트라(Gai Jatra)

소의 축제. 죽은 자들의 넋을 위로하는 날이다. 'Gai'는 네팔어로 암소라는 뜻이며, 힌두교에서는 럭치미 신의 상징으로 여기기 때문에 소를 신성시 한다. 수많은 화환과 아름다운 옷으로 장식한 사람들이 소를 이끌고 흥겨운 몸짓으로 긴 행진을 하는 모습이 인상적이다. 카트만두에서만 볼 수 있다. 최근에 죽은 사람이 있는 가족은 반드시 이 행렬에 참가하여야 한다. 이날은 1년간 금기시된 것들을 풍자하여 말할 수 있는 날이기도 하다.

8월 23일 티즈(Teej)

여성들에게 특별한 축제. 이날은 여성만 휴무다. 결혼한 여성은 친정으로 돌아간다. 강에서 신성한 물로 목욕하며 축제를 즐긴다. 파슈파티나트(Pashupatinath) 사원의 입구 등 네팔 전 지역에서 이마에 티카를 바르고 화려한 빛깔의 사리를 입고 치장한 여인들이 강으로 뛰어들어 노는 모습을 볼 수 있다. 또 남편의 만수무강을 기원하며 이날 하루 단식을 한다. 그들의 남편 또한 빨리 잃지 않기를 기도하고, 미혼 여성들은 좋은 신랑감 만나기를 기원하며 축제를 즐긴다. 네팔에서 빨간색은 기쁨과 행복을 의미하며 결혼식에서 곧잘 사용되는 색이다. 따라서 빨간색은 결혼한 여자들이 즐겨 입는 색이며 과부들은 빨간색 옷을 입는 것이 금지되어 있다. 과부들은 조의를 표하는 흰색만을 입는다.

9월 3일 인드라 자트라(Indra Jatra) Indra's Festival

힌두교에서 비의 신인 인드라를 기리는 축제. 장마 끝나고 수확기로 접어들 무렵 신에게 감사하는 의미로 열린다. 전설에 의하면 인드라 신의 어머니가 천국에서 아름다운 꽃을 찾아 나섰지만 찾지 못하자 인드라 신이 카트만두에 내려와 파리자트라는 꽃을 훔치다가 카트만두 밸리 사람들에게 잡혔다. 이를 안 인드라 신의 어머니가 카트만두에 내려오자 국민들이 겁을 먹고 인드라 신을 풀어줬다. 이 인드라 축제는 고대 천국의 왕인 인드라 신을 기리기 위한 축제이다. 축제의 첫날은 인드라를 상징하는 깃발을 세운다. 8일째 되는 날은 더르바르 광장(Durbar Square), 버선터푸르 광장(Basantpur Square)과 인드러 초크(Indra Chowk) 지역에서
는 진통 무용이 공연되면서 온 도시는 축제의 분위기를 한껏 돋운다. 이닐은 카트만두 벨리만 유무나. 비쉬누,
버이러브, 시바 신의 형상을 한 가면을 쓰고 축제를 하는 것이 인상적이다.

9월 19일~10월 3일 다샤인(Dashain)

네팔 최대의 힌두 축제. 공휴일은 7일간으로 모든 학교와 관공서가 휴가를 갖는다. 축제는 15일간 이어지기도
한다. 서양의 크리스마스 시즌처럼 한 해 중 가장 길고 즐거운 축제이며 모든 카스트와 교파가 네팔 전역에
걸쳐 9월 말에서 10월 초에 걸쳐 이 축제를 즐긴다. 흩어져 지내던 가족들이 모이고 서로 선물과 축복을 주고
받는다. 거리에선 각종 축제 행렬이 이어진다. 최고의 여신 '두르가'를 위한 '뿌자'가 수없이 행해지며 각종 종
교적 의식과 피의 제사가 이루어진다. 이 기간 동안 많은 동물이 공양물로 희생된다.

10월경 티하르 축제(Tihar Festival)

힌두교의 락슈미 여신을 숭배하는 축제. 네팔 달력 일곱 번째 달(Kartik, 카르틱) 초승달이 뜨는 날을 중심으
로 5일간 락슈미 여신을 숭배하는 축제를 벌인다. 공휴일은 3일간이다. 네팔에서 두 번째로 큰 축제다. 인도
에서도 이날을 즐긴다고 한다. 첫째 날에는 죽음의 전령이라 불리는 까마귀들에게 경의를 표하고 먹이를 주
며, 둘째 날은 죽음과 버이러브(Mt. Bhairab)의 수호자라는 개들을 기념하는 날이다. 셋째 날은 부의 여신이
며 럭치미의 화신인 암소들을 기념하는 날로 럭치미 뿌자라 부르기도 하는데 모든 카트만두의 가정에서는 부
의 여신을 위해 동네 전체에 캔들을 켜서 어둠을 물리친다. 이 축제는 항상 초승달이 떠오를 때 행해지므로
여신을 위한 램프가 더욱 밝게 느껴지게 된다. 이날 불을 켜지 않는 집에는 여신이 다가가지 않으므로 불행이
깃든다고 믿는다. 넷째 날은 수소의 축제날이다. 새해를 맞는 날로써 이날 사람들은 그들의 육체와 정신을 위
해 기도한다. 마 푸자(Mha Puja)로 부르며 가족 모두 함께 이 행사를 축하한다. 다섯째 날은 바이 티카(Bhai
Tika)로 특히 형제자매의 화목을 위한 날로 여자 형제들이 악으로부터의 보호를 기원하며 남자 형제들의 이
마에 티카를 붙여주면, 남자 형제들은 작은 선물로 여자 형제들에게 보답한다.

11월 9일 헌법의 날(Constitution Day)

1990년 네팔의 새 민주 헌법을 제정한 날.

네팔력으로 5~6월(어머니의 날)

어머니의 날은 네팔어로 '아마코 무크 헤르네 딘'으로 이날만큼은 결혼한 딸을 비롯해 모든 자녀들이 집으로
모인다. 그리고 과일과 달콤한 음식을 선물하고 어머니의 발에 이마를 대면서 깊은 존경심을 표현한다.
네팔 힌두교도들은 어머니의 날이면 마타티르타 연못에서 어머니를 추모하는 의미의 목욕을 하기 위해 전역
에서 모여든다.

네팔력으로 8~9월(아버지의 날)

네팔력으로 8~9월. 고까르나 아운시(Gokarna Aunsi)는 어머니의 날과 비슷한 행사가 열린다. 돌아가신 아
버지를 기리거나 살아계신 아버지께 사랑과 감사를 드린다.

해발 2,100m 버쿤데 마을로 가는 길

이제 버쿤데 마을로 향할 시간이 되었다. 더운 날씨여서 반바지에 반팔 티셔츠, 그리고 챙이 있는 모자를 쓰고 간편한 차림으로 출발했다. 어젯저녁에 산책했던 바글룽 버스파크를 지난 곳에 있는 구름다리를 건너서부터는 계속 산길로 이어졌다. 산길의 형세는 북한산과 관악산을 합친 등산로와 크게 다름없었다. 다만 돌계단이 많았다. 단순히 등산로로만 이용한다면 애써서 돌을 놓지는 않았을 것이다. 높은 지대에 부락이 있고, 올라가면 또 있어서 산에서 사는 현지인에게 있어서 계단은 등산로가 아닌 통행로인 셈이다.

중간에 평지처럼 이어지는 길가에는 마을이 있고, 위로 올라가면서 약 열 군데 부락을 형성하고 있었다. 한 마을에는 열 채 안팎이 모여 있고 나머지는 듬성듬성 독립된 형태로 가구를 이루어 살고 있었다.

버쿤데 마을을 향해 계속 산길을 오르며 뜨문뜨문 자리하고 있는 집들을 자연스럽게 구경할 수 있었다. 집들은 소박한 가운데 평화로웠고 꾸밈없는 외관에서 나의 어린 시절을 떠올리게 했다. 굳이 문을 잠그지 않고 열어둔 채로 외출해도 행여 도둑이 들까 염려할 필요가 없는 시절이었다. 대문도 필요 없었다. 며칠 동안 집을 비울 때 말고는 잠깐 마실을 가거나 농사일을 하러 밭에 나갈 때도 방문을 활짝 열어놓는다 하여 누가 기웃거리지도 않았다. 1960년대 우리나라의 시골 마을이나 네팔 산마을 풍경이 크게 다르지 않은 이유다.

집에 아무도 없는 것 같았는데 뒤꼍에서 나타난 집주인이 자기 집 앞에 앉아 쉬고 있는 나를 보고도 놀라는 기색이 없이 도리어 반갑게 인사를 한다. 나도 일어나 정중히 인사를 했다. 이것이 믿음과 신뢰이고 평화라는 생각이 들었다.

비록 가진 것이 풍족하지 않아도 행복하게 보이는 것은 기본 먹거리를 땅에서 얻을 수 있기 때문이다. 남는 것은 시장에 가져가 다른 물건과 바꿔오면 되므로 농사를 주업으로 삼는 사람의 입장에서는 크게 아쉬울 것이 없을 것이다. 물론 고되고 힘들기는 할 테지만 가진 것이 많다고 해서 행복감도 크다고 말할 수는 없다. 도리어 없어도 될 물건들을 잔뜩 소유하고 사는 사람일수록 공간적 활용, 시각적 여유, 사고력 등의 측면에서 자유롭지 못할 가능성이 크다.

목이 말라 길가에 면한 작은 가게에 들렀다. 개방된 턱 너머에는 가게 주인이 있고, 바깥쪽에는 테이블 한 개와 길쭉한

의자가 있어서 물건을 사기도 하고 의자에 앉아 쉴 수도 있다. 물건 종류는 극히 적었다. 우리나라의 1960년대 시골 가게의 축소판을 연상시켰다. 가게 안쪽 전면에는 나무 선반에 약간의 의약품들이 진열되어 있었는데 대부분 가정 상비약으로 보였다.

차가 다닐 수 있는 버쿤데 마을까지는 비포장도로였다. 매끈한 흙길이 아니라 곳곳에 큰 자갈이 박히고 여기저기 움푹 파인 도로여서 시속 5km 정도의 속도를 넘지 못하기 때문에 사륜 지프나 트럭이라야 힘겨운 대로 통행할 수 있었다. 기어서 가는 것처럼 덜컹거리며 무거운 짐만 겨우 운반할 수 있을 정도였다.
경우에 따라서는 외지에서 온 관광객이 지프를 이용하기도 한다. 하산할 때 이용했지만 현명한 생각은 아니었다. 특히 요통이 있거나 디스크 등 허리 질환을 앓고 있는 사람은 이용하지 않기를 바라는 마음이다. 더구나 몇 해 전 지진으로 인해 지반이 약한 부분은 군데군데 허물어져 있어서 무너진 길을 지날 때는 특히 조심해야 했다. 간혹 차가 뒤집어졌다는 뉴스를 접한다면 바로 이런 길에서 발생하는 것이다.

인신매매와 실종

버쿤데 마을로 오르는 길에는 산등성이를 개간해서 농사를 짓고 사는 사람들이 마을을 이루어 살고 있었고, 집집마다 아기를 데리고 마당에 나와 있거나 동네 아이들이 여럿 모여 놀고 있었다. 그부다 더 높은 지대에 있는 버쿤데 마을을 향해 오르면서두 역시 집집마다 아이들이 있는 것을 보고 '젊은 부부가 살고 있기 때문에 산중에 아이들이 있고, 볼품없이 작지만 다닐 수 있는 학교가 있는 것이겠지, 어디나 다 사람이 뿌리를 내리고 살 수 있는 환경이 된다면 남자와 여자가 만나 부부의 연을 맺는 것은 자연스러운 현상이지, 그런데 여러 가지 이유로 고지대 산속 생활에서 감당하기 어려운 처지에 놓이게 된다면 어떻게 되는 것일까' 하는 생각에 미치게 됐다.

1960년대 내가 어렸을 때 동네에는 아이들이 많았다. 놀다 보면 아이들이 하나씩 사라졌다. 주로 여자아이들부터 눈에 띄지 않았다. 소문에는 어느 부유한 집에 양녀로 들어갔다고도 하고, 도회지의 친척 집에서 학교를 다니며 잘 먹고 산다는 얘기도 돌았고, 운이 좋게도 방직 공장에 취업이 된 언니를 따라갔다고도 했다. 어떤 남자아이는 마음씨 좋은 트럭 운전사를 따라가 허드렛일을 해주다가 나중에는 운전을 배워서 금의환향하여 집안을 일으킬 것이라며 기대를 불러일으키기도 했다. 친하게 지냈던 옆집 아이는 어떤 양장을 입은 여자가 자기를 따라가면 매일 이밥에 고깃국을 먹을 수 있다며 데려갔다. 어떤 아이는 어느 날부터 인가 신고 있던 검정고무신 한 짝만 남기고 영문도 모른 채 보이지 않게 되었다. 그의 부모조차도 자기 자식을 찾지 않았다.

나이가 들어서 조금이나마 사리를 분간할 수 있게 되었을 때 어렴풋이 짐작하는 것은 그와 같은 말들이 죄다 거짓이었다는 것이다.

언젠가 네팔의 수많은 어린이들이 생활고로 인해 인도에 노예로 팔려가거나 싼값에 인신매매된다는 뉴스를 접한 적이 있다. '입에 풀칠하기 위해서'라는 말이 있다. 그래서 더 현기증이 나도록 가슴이 아프게 저려왔다.

네팔은 오래전부터 인신매매가 많은 나라라고 한다. 어린 여성들은 주로 인도의 사창가로, 아동들은 저임금에 고된 노동을 해야 하는 의류 공장 등으로 팔려간다고 한다. 자원이 부족하고 생활이 어려운 판에 지진과 물난리를 겪고 나서 그나마 가진 것마저 잃게 되면 유혹에 쉽사리 빠져들게 마련이다. 돈 많이 벌 수 있다, 배불리 먹을 수 있다, 가족을 살릴 수 있다는 등 온갖 감언이설에 넘어가기가 쉬운 것이다. 여성의 경우 이러한 유혹에 더 취약해질 수밖에 없다.

부모와 가족으로부터 어린 소년 소녀를 납치해 싼값에 팔아넘기고, 노예로 부리고, 강제로 매춘을 시키는 등 끔찍한 착취와 학대를 하는 종족은 유독 사람뿐이다. 네팔의 실종 아동 수는 해마다 줄지 않고 있다고 한다. 네팔뿐이랴, 굳이 멀리서 찾아볼 것도 없다. 우리나라의 2012년 한 해 14세 미만 실종 아동의 숫지가 2만 5천 명을 넘어선다는 보고가 있디. 하루 평균 68.5명꼴로 실종된다는 의미다. 성인 실종자까지 합해 9만 5천 명이다. 통계의 정확성과 사실성은 둘째로 치더라도 실종자가 존재하는 것은 분명한데 그들은 어디에서 무엇을 하고 어떤 대우를 받고 있을지 가슴이 먹먹해진다.

산마을의 수도 시설과 경작지

네팔의 산은 물이 잘 스며들어 수로만 알면 그 물을 이용할 수 있지만 염소를 풀어서 기르기 때문에 분뇨가 섞일 수 있어서 음용수로는 부적합하다. 어떤 지역의 산은 석회암으로 이루어져 있어 마시기에 적절하지 않다. 물론 산행 도중에 호스에서 흘러나오는 맑은 빛의 물을 보고도 갈증난 목을 축이고 싶은 유혹을 뿌리쳐야만 했다.

집집마다 외부에 수도 시설이 있고 이 물로 목욕과 설거지와 세탁을 한다. 낮에도 이 수도관 앞에서 목욕을 하는 여자들을 심심찮게 볼 수 있었는데 의식해서 외면한다는 게 오히려 이상하게 보일 것 같고 그저 좀 민망했으나 정작 본인들은 신경을 쓰는 것 같지 않았다. 하지만 나 자신이 부끄러워 눈을 맞추지 않고 그 자리를 빨리 벗어나야 했다.

네팔은 물이 귀해서 다른 곳에 이동해 살고 싶어도 여의치 않아 보였다. 내가 본 강물은 수량이 많지 않았다. 그나마 식수로 정제하기에도 쉽지 않을 만큼 탁하거나 검게 보였다. 히말라야로부터 내려오는 물이 검은 바위와 석회암을 거치면서 마치 탄광 지역에서나 볼 듯한 색깔로 변하기 때문이었다. 거기에다 비가 내리지 않아 시내를 통과하는 바그마티 강

은 수심이 얕고 상당히 오염되어 있었다.

네팔 산간에는 계단식 경작지가 많다. 그만큼 농업에 종사하는 인구가 많다는 얘기다. 높은 데서 내려다보면 하나하나 구획된 논 모양이 다 다르면서도 조화를 이루고 아름답기까지 하다. 한국의 경우 산골짜기 비탈진 곳에 층층으로 좁고 길게 된 논을 다랑논(또는 다랑이 논)이라고 한다. 이런 다랑논이 가는 곳마다 많이 만들어져 있었다. 평지도 아닌 산간을 분할해서 지적을 정리한다는 것이 쉬운 일이 아닐 텐데 뜨문뜨문 주택이며 농지를 조성한 지역이 많았다. 산간에는 주로 불가촉천민이 모여 산다. 지금이야 네팔도 세상이 변해서 카스트 제도에 의한 불이익에서 상당 부분 벗어났지만 여전히 차별 대우를 받기는 마찬가지라고 한다. 네팔인의 생활 규율 역할을 해온 카스트 제도는 현재 법적으로 폐지되었으며 근대화와 교육, 정치 변혁의 영향으로 점차 약화되고 있다. 그러나 이 제도는 아직도 많은 사람의 일상에 큰 영향을 미치는 사회 관습으로 존재하고 있다.

산간의 여성들은 다랑이 농사와 소규모 가축을 키우는 것 외에 기대할 수 있는 수입이 거의 없는 형편이다. 이에 우리나라 '아름다운 가게'의 경우 '나마스떼 갠지스 프로젝트'를 통해 네팔 여성이 주도하는 농부 그룹과 협동조합을 만들어 식량 증산을 돕는다. 아울러 지속 가능한 농업 비즈니스를 개발하여 소득을 창출하도록 돕는 사업을 펼치고 있다. 또한 이 프로젝트의 지원으로 시작된 라디오 프로그램에서 여성의 토지 소유권에 대한 캠페인을 벌여 열악한 여성의 땅 소유권에 대한 문제점을 지적한다. 토지가 전통적으로 아버지에서 아들로 상속되는 것이 일반적이어서 미망인이 되면 본인이 경작하던 토지에서 쫓겨나는 일이 허다한 문제를 해결하기 위한 계몽 운동도 전개한다는 소식이 반갑게 들려온다.

해발 2,100m 버쿤데 민박집

신에게 비는 기도소가 산길 중간에 자주 보인다.

밑에서 올려다보면 버쿤네 마을까지의 거리는 그리 멀지 않아 보였는데 완만한 경사지를 오르고 또 올라가야 했다. 햇빛은 뜨거워지고, 숨은 헐떡거리고, 쉬지 않고 거북이처럼 오르면 토끼를 앞지를 수 있으리라 생각했지만 아니었다. 조금 오르다가 그늘지고 평평한 작은 바닥만 보이면 쉬고 싶은 유혹을 견뎌야 했다. 그러나 몇 발짝 가지 못해서 나무 그늘의 유혹에 무너지고 말았다. 급기야는 모자와 신발까지 벗어 던진 채 지팡이 끝에 매달려 올라갔다.

해가 지고 산자락에 어둠이 드리워질 무렵 버쿤데 마을의 민박집에 도착했다. 8반이나 9반쯤 되는 마을이다. 세 시간이 넘게 걸린다고 했는데 실제로는 여섯 시간 가까이 걸렸다. 마을이라지만 가옥들이 밀집한 형태가 아니라 이따금씩 외롭거나 한가롭게 보일 정도로 산에 기대어 산골짜기 아래를 까마득히 내려다보고 있는 형국이었다.

요령껏 쉬면서 올라왔지만 중간에 B팀을 만나지 못했다. 두 갈래 길에서 서로 엇갈린 탓도 있었다. 민박집의 빗물을 모아놓는 물탱크는 2톤짜리였는데 그동안 비가 내리지 않아 바닥이 드러날 정도로 물이 귀했다. 샤워는 엄두도 내지 못하고 겨우 양치와 고양이 세수를 하고 난 마지막 물로 발을 닦아야 했다. 주인댁에서 내준 따뜻한 물을 차 대신 마시며 쉬고 있는데 그제야 B팀이 도착했다. 뒤에 도착한 사람들이 씻는 동안 주인 여자는 달밧을 요리했다. 우린 진흙을 개서 바른 부엌 바닥에 자리를 깔고 둘러앉아 촛불에 의지한 채 저녁식사를 겨우 마쳤다.

민박집의 부엌 바닥이 거실 역할도 같이 한다.

우리가 민박으로 예약한 흙집은 방이 두 개이고 방마다 침대 네 개가 각기 다른 방향으로 놓여 있었다. 침대는 목재를 들여와 주인이 손수 만들었다는데 매트리스 없이 바로 요 위에 이불이 덮여 있었다.

작은 쪽문을 통해 방에 들어서면 천장의 서까래가 머리에 닿을 만큼 낮았다. 방은 취침 외에 다른 용도로 사용하기에는 불편해 보였으나 어차피 우리는 잠만 자고 일찌감치 일어나 히말라야의 일출을 보기 위해 전망대로 올라가야 하기 때문에 별다른 불편은 없었다.

잠자리에 들기 전 촛불에 의지한 채 시 한 편을 지었다.

촛불

아버지는 저녁때 어쩌다
반주를 드셨다.
등잔 대신 촛불을 밝히고, 그날따라
진지는 안 드시고 말없이
반 병을 비우셨다.
촛불이 움직일 때마다 아버지 얼굴은
밝았다가 어두워졌다.
아버지는 술기운에 나는 잠기운에
일찌거니 누웠는데,
그예 불이 나 천장으로 번졌다. 내가 낮에
뚫어놓은 창호지 틈새를 비집고
살바람이 들어와 초를 넘어뜨렸다.
1958년 초봄의 일이다.

진즉 해가 진 작고 어두컴컴한 방
낮은 천장을 타고 내려오는 거미 한 마리가
무정 세월을 되돌린다. 나는 찌든
흙벽에 기대 반주를 들고
일찌거니 누웠는데,
나무 창살 사이를 비집고 들어오는
네팔 2100고지 버쿤데 마을 산바람에
그물거리는 촛불이 끔벅끔벅
맨발 거짓 수행자의 지친 다리와 함께
이제 저도 졸린다.
2016년 늦봄의 일이다.

(2016년 4월)

여섯째 날

히말라야의 아침 풍경을 남겨놓고 하산하려니 장엄하게 펼쳐졌던 산군은 나무와 앞산에 가려 금세 보이지 않게 되었다. 그러면서 멀리 산자락에 서서히 아침 해를 받기 시작하는 마을이 보였다. 올라갈 때는 기울어져서 보이지 않았던 마을이다. 이쪽 마을에서 저쪽 마을로 이어지는 산길에 한 무리의 당나귀들이 짐을 싣고 가고 있었다. 마음 같아서는 행렬이 보이지 않을 때까지 바라보고 싶을 만큼 평화로운 풍경이었다.

버쿤데의 해돋이

버쿤데에서의 아침은 히말라야의 해돋이를 보기 위해 5시에 기상하기로 했다. 일출 시각은 6시 무렵이다. 새벽잠에서 간신히 깨어 주섬주섬 옷만 걸쳐 입고 산봉우리를 향해 걷기 시작했다. 버쿤데 마을에서 전망대가 있는 산꼭대기까지는 200미터를 더 올라가야 한다. 전망대에서는 히말라야 산군이 한눈에 보이고 웅장하게 펼쳐진 산등성이 너머에서 떠오르는 일출을 감상할 수 있다.

마을에서 완만한 경사를 따라 올라가다가 봉우리까지의 마지막 150미터 정도는 45도 정도로 가파른 오르막이다. 4층 전망대에 오르면 나무에 가려져서 일부 보이지 않던 히말라야의 전경을 한눈에 감상할 수 있다.

BHAKUNDE

전망대에서 바라보는 히말라야의 일출은 그야말로 거대하고 성대하여 숨을 탁 멎게 만들었다. 태양 그 자체에 눈길이 가는 게 아니라 햇빛을 받아 붉은 자락을 머금고 시시각각 변하는 산맥의 변화가 세상의 움직임을 한순간에 멈추면서 홀딱 빠져들게 했다. 주위에 여러 명이 있었지만 철저하게 혼자가 된 기분이었고, 해가 솟은 뒤에도 쉽게 그 자리를 뜰 수가 없었다. 해돋이를 바라볼 때만큼은 중국 쪽에서 떠오르는 햇빛에 의해 변화하는 자연의 신비로움 외에는 아무것도 느낄 수가 없었다.

이번 여행에서는 나 자신에게 중점을 두고 뭔가 깨달기 위한 시간에 방해가 될 것 같아서 되도록 사진 촬영을 자제했었다. 그 때문에 히말라야의 일출을 보고 나서야 마음에 드는 사진을 촬영하지 못한 것이 못내 아쉬웠다. 그나마 중간에 몇 장 촬영한 사진마저 청명하지 못한 날씨 탓에 웅장하고 아름다운 히말라야의 모습을 감동스럽게 담아내지 못했다.

히말라야의 아침 풍경을 남겨놓고 하산하려니 장엄하게 펼쳐졌던 산군은 나무와 앞산에 가려 금세 보이지 않게 되었다. 그러면서 멀리 산자락에 서서히 아침 해를 받기 시작하는 마을이 보였다. 올라갈 때는 기울어져서 보이지 않았던 마을이다. 이쪽 마을에서 저쪽 마을로 이어지는 산길에 한 무리의 당나귀들이 짐을 싣고 가고 있었다. 마음 같아서는 행렬이 보이지 않을 때까지 바라보고 싶을 만큼 평화로운 풍경이었다.

민박집에서 맞이하는 아침

해맞이를 하고 민박집으로 돌아오니 간밤에 도착했을 때 어두워서 보이지 않았던 풍경들이 한눈에 들어왔다. 비로소 민박집의 외관을 찬찬히 훑어볼 수 있었다. 마당에서는 닭들이 밭을 오가며 연신 머리를 조아리고, 처마 밑 작은 창문 위에 아무렇게나 걸쳐진 옷가지들이 정겨웠다.

주인아주머니가 우리를 기다리면서 특별히 만들어준 찌아와 함께 난에 벌꿀을 묻혀 아침식사를 했다. 꿀은 주인아저씨가 치는 벌통에서 수확한 것인데 그 맛이 맑고 달아서 손이 자꾸 갔다. 간단히 아침식사를 마치고 바글룽으로 돌아가기 위해 짐을 마저 챙겼다. 버쿤데에서 머무른 시간은 고작 12시간가량이다. 그중 반은 침대에 있었다. 민박집 주인 내외와 마주친 것은 어젯밤과 오늘 아침식사할 때와 마당에서 간간이 눈웃음을 교환했을 때뿐이었다. 그런데도 왜 헤어지려니 아쉬움이 큰 것일까. 이유도 조건도 없이 나는 주인 내외와 자연스럽게 어깨를 껴안는 것으로 작별 인사를 대신했다.

민박집 부부

지프를 타고 내려가다

어제 버쿤데에 오르는 모습들을 보니 내려가는 것 역시 힘들어할 것 같아서, 내려갈 때는 지프를 이용하기로 했다. 마을 주민이 보유하고 있는 지프 두 대를 어렵지 않게 빌릴 수 있었다. 지프는 차가 다닐 만한 도로 같지도 않은 비포장길을 달리며 사방으로 요동쳤다. 시트에 등을 바짝 기대며 앉았지만 수시로 몸이 밀리고 공중으로 튀어 올랐다. 일행 중 한 여성은 벌써부터 허리에 통증이 느껴진다며 고통을 호소했다. 차가 튀어 오를 때마다 사람들은 비명을 질렀다.

설상가상으로 먼지가 심하게 날렸다. 내가 탄 지프는 뒤차였으므로 앞차가 일으키는 흙먼지를 열린 창문을 통해 그대로 뒤집어써야 했다. 도중에 운전자에게 앞차와의 간격을 좀 벌려달라고 부탁하기도 했고 중간쯤부터는 추월해서 선두로 달렸기에 망정이지 그렇지 않았다면 울퉁불퉁한 길에서 자욱한 먼지로 인해 더 고생할 뻔했다.

출발한 지 얼마 되지 않아 사람들이 모여있는 민가 앞에서 차가 멈췄다. 무슨 일인가 궁금했는데 할아버지의 배웅을 받는 며느리와 두 손주를 내가 탄 지프에 동승시키는 것이었다. 자리는 만석이었지만 사람을 정원 이상 태우는 것은 네팔에서는 흔한 일이었다. 아이 엄마가 딸을 안고 내 옆자리 창가에 끼어 앉게 되었다. 그녀의 아들은 운전석과 조수석 사이에 앉았는데 차의 기울기에 따라 조수석을 같이 차지하기도 하고 운전석 기어 변환장치에 바짝 다가가기도 했다. 나는 두 손녀가 생각나서 큰아이인 딸에게 500루피를, 작은아이에게 100루피를 용돈으로 주었다. 아이들은 순진한 얼굴로 받아들고는 자동적으로 엄마에게 건네주었다. 처음에는 작은애에게 500루피를, 큰애에게 100루피를 줄까도 생각했었다. 결국 그 사용처는 엄마의 몫이 되었다. 하산하면서 커피 농장과 샤히 교장의 생가를 방문했는데 그때도 세 가족은 차에 남아 기다려주었다.

샤히 교장은 생가에서 어린 시절을 보내고 수도인 카트만두를 거쳐 인도에 유학을 다녀왔다고 한다. 한때는 한국에서 공부를 하기도 했다. 염소똥 냄새가 풀풀 나는 경사진 마을의 좁은 골목을 거쳐 들어간 생가는 검소했고 짜이를 마시면서 잠깐 머물렀으나 지프에서 땀을 흘리며 기다리고 있을 주민과 다음 일정을 위해서 오래 있을 수는 없었다.

차에 비집고 올라 고르지 못한 산길을 덜컹거리며 내려가서 가까스로 바글룽 평지에 도착했다. 현지 모녀와 그녀의 아들은 다리를 건너기 직전에 차에서 내리며 운전자에게 500루피를 건넸다. 운전자가 아주머니에게 300루피를 돌려주는 걸 보고는 마을 주민이라고 해서 공짜가 아니고 아마도 어른은 100루피, 아이는 50루피를 요금으로 받는 것 같았다. 바글룽 시내가 가까워질 무렵 칼리간다키 강을 건너는데 얼빈이 갑자기 창문을 열고 다리 난간 멀리 강을 향해 동전을 던져서 깜짝 놀랐다. 왜 그랬는지 나중에 알아보니 힌두교에서는 다리를 건널 때 강 속에 있는 신에게 동전을 던지는데, 그렇지 않으면 병이 생긴다고 믿는 풍습이 있다고 했다.

거의 모든 민족의 토속 신앙에는 저승에 갈 때 쓸 노잣돈으로 망자의 관이나 입안에 동전을 넣어주는 풍습이 있는데, 신화 속 카론은 통행료를 지불하지 않았거나 정식으로 매장되지 않은 망자에게는 커다란 노를 휘둘러서 배에 타지 못하도록 내쫓는다고 한다. 내쫓긴 영혼은 지옥의 강가에서 한 세기를 기다린 끝에야 비로소 배를 타고 저승으로 건너갈 수 있다고 한다. 인간은 나약하기 그지없는 존재이기에 누구나 무언가에 의지하고픈 본능이 생길 수밖에 없는 것인가 보다. 나 역시 힘들 때면 신에게 의지하고 부모님을 찾으니 말이다.

칼리간다키 강

트립티에서 지원하는 커피 농장

버쿤데에 있는 커피 농장은 한국의 공정 무역 카페인 트립티가 주변에서 십시일반 투자 Crowd Funding를 받아 '네팔에 커피 묘목 심기'를 통해 현지인의 삶을 개선해보고자 시도하는 사업이다. 이 사업은 한국에서 500여 명의 참여를 이끌어내 의미 있게 추진할 수 있었고 여섯 개 마을에 5천 그루의 묘목을 나눠 심게 되었다.

지진 피해 1주년이 지났어도 그 피해를 고스란히 겪고 있는 사람들을 위해 산사태를 방지하고 빈곤층과 농부들의 자립을 돕는 사업으로 진행하고 있다. 농부들은 커피 묘목 재배를 위해 병충해를 방지하고 잘 키우는 방법에 대한 교육을 미리 트립티로부터 배워오기도 했다. 또한 네팔의 젊은이들을 대상으로 커피를 만드는 기술을 가르쳐 바리스타 1기생을 배출하기도 했다.

커피 농장 바로 옆에 자리한 밭에서는 아버지가 아들에게 소를 다루는 방법을 가르치고 있었다. 아들은 매우 적극적으로 소를 몰며 쟁기질을 했다. 아버지와 아들이 함께 밭을 일구는 모습이 보기 좋았다.

다시 포카라로 오다

샤히 교장과 작별을 하고 포카라 서쪽에 위치한 페와 호숫가의 레이크 뷰 리조트에 도착해 짐을 풀었다. 그동안 묵었던 어떤 숙소보다도 훌륭했다. 이 레이크사이드 지역에는 관광객을 위한 호텔이 촘촘히 들어서 있고 시설이 대부분 좋아 보였다. 우리가 묵기로 한 호텔에는 중앙 마당에 작은 정원이 있고 호수를 전망할 수 있어서 좋았다. 객실도 깔끔하게 정돈되어 있었다.

객실에 짐을 풀어놓고 샤워를 한 후 숙소에서 멀지 않은 얼빈의 부모님 댁으로 향했다. 그의 모친이 제공하는 달밧으로 저녁식사를 하기로 한 것이다. 일반 여행사를 통해서는 생각조차 할 수 없는 일이다. 얼빈의 집은 생활 형편이 나아 보이는 도시 외곽 쪽에 있었다. 주변에는 제법 큰 대학교와 초중고교가 있었고 얼빈은 자기가 다녔던 학교와 동네를 지나며 감회에 젖은 듯 알아듣기 어려운 영어로 열심히 설명해주었다.

집 뒤편에는 푸른 열매를 맺은 커피나무 몇 그루가 있었다. 커피나무는 꼭두서니 Rubiaceae과에 속하는 쌍떡잎식물로, 밤나무 이파리와 비슷하게 생긴 초록색 잎은 가지나 줄기를 채우고, 잎의 가장자리는 물결 모양으로 매끈하게 윤이 난다. 가지며 줄기가 전체적으로 삐죽삐죽 튀어나온 형태라서 잘 키우려면 가지치기가 중요하다.

2층 발코니로 올라갔다. 아침에 공기가 맑은 날이면 이 발코니에서 안나푸르나의 눈 덮인 하얀 봉우리를 볼 수 있다고 한다. 얼빈의 모친이 음식을 장만하는 동안 얼빈도 부엌에서 그의 어머니를 도와 재료를 다듬고 불에 올린 음식을 조리하기도 했다. 그동안 몇 군데에서 달밧을 먹기는 했지만 이곳에서 제일 맛있게 먹었다.

페와 호반 산책

얼빈 집에서 숙소로 돌아오는 도중에 페와 호숫가를 거닐며 산책을 했다. 길에는 반딧불이가 꽁지에 불을 밝히고 사방으로 날아다녔다. 수가 많아서 그냥 보이는 대로 손을 움켜쥐면 잡을 수 있을 정도였다. 호수의 산책길에는 연인들의 모습이 눈에 많이 띄었다. 해가 진 후 한가로운 저녁 시간을 즐기러 많은 사람들이 모여들었다. 산책로에 늘어선 카페마다 촛불로 길을 밝히고 손님을 부르고 있었다.

포카라의 치안은 우리나라와 마찬가지로 양호한 편이다. 밤 늦은 시간에 혼자서도 거리낌 없이 걸어 다닐 수 있어서 편했다. 여행자들이 즐겨 찾는 곳답게 호텔 앞 노천 카페마다 다양한 외국인이 휴식을 취하고 일정을 확인하면서 차를 마시고 있었다. 다른 지역에서는 볼 수 없었던 깨끗하고 밝고 정돈이 잘된 상점과 주점들이 즐비했다. 마치 강남의 조용한 골목길을 걷는 듯한 착각을 일으키기도 했다.
한 가지 아쉬운 점은 이곳도 밤늦은 시각이 되어야 전기가 공급되는 까닭에 해가 지고 어두워지면 모든 상점들이 일시에 철시한다는 점이다. 해가 완전히 지기 전에 맥주와 간식거리를 사와서 먹다가 맥주가 떨어져 저녁 8시경에 다시 상점에 갔지만 이미 닫혀 있었다. 혹시나 하여 일대를 30분간 뒤졌지만 열린 상점이 없었다. 호텔 로비도 캄캄했고 어두운 곳에 근무자 한 명만 남아 자리를 지키고 있었다. 침대에 들기엔 이른 시각이었고 고작 한 사람에 맥주 한 잔씩만 돌아간 형국이라 아쉽기는 했다. 그런데 얼빈이 호텔 근무자를 어떻게 구슬렸는지 잠시 후 맥주를 가지고 왔다. 일행은 목을 축이며 하루를 마무리했다.

일곱째 날

일곱째 날

아무것도 바라지 않고 그저 어떻게 지내는지, 별일 없는지, 잘 먹고 잘 자는지, 아픈 데는 없는지, 오로지 그것만 궁금해 하셨던 어머니는 어느 날 더 줄 게 없다는 걸 아시고는 홀연히 떠나셨다. 나는 이제 와서 어머니에게 말씀 드린다. "산책 가시겠어요?"라고.

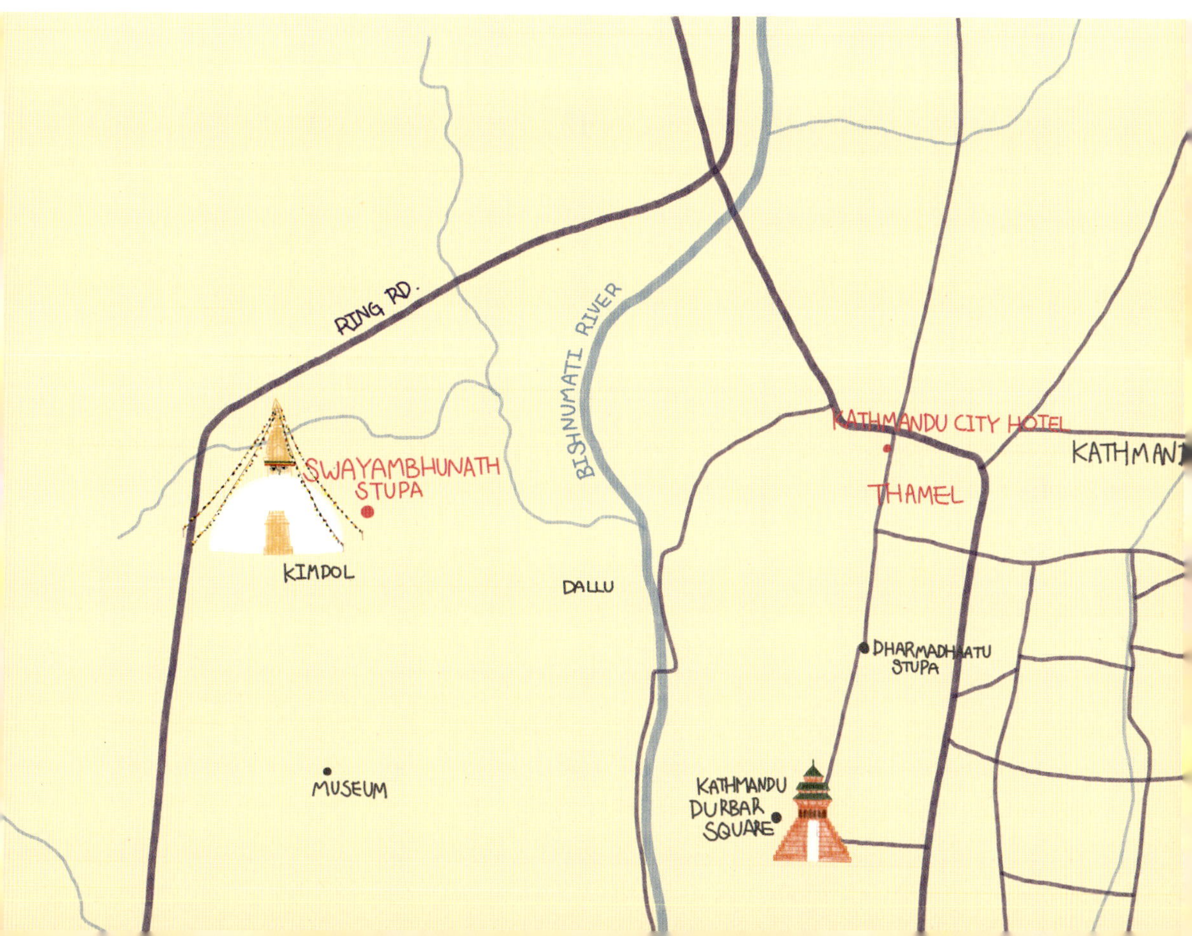

호수 위의 바라히 사원

아침 식사는 호텔 식당에서 토스트, 달걀프라이, 바나나, 스프, 커피 등의 뷔페로 해결했다. 그중에서도 토스트와 달걀프라이는 인기를 독차지했다.

식사 후에 바로 짐을 꾸려 차에 실어놓고 호수의 선착장으로 이동하며 창밖을 올려다보니 히말라야 산맥으로부터 여명이 밝아오고 있었다. 멀지 않은 선착장에는 이른 아침부터 호수에 떠있는 사원에 기도하러 가기 위해 많은 사람이 모여들고 있었다. 그런데 외국인보다는 현지인들이 훨씬 많이 보였다.

선착장에서 불과 200미터도 되지 않은 곳에 자리 잡은 바라히 힌두 사원까지는 사용료를 주고 구명조끼를 착용한 다음

배에 올라야 했다. 물론 뱃삯도 별도로 지불했다. 현지인은 구명조끼를 착용하지 않는 것으로 보아 강제는 아닌 것 같았다.

보트는 미끄러지듯 금세 사원에 닿았다. 바라히 사원은 '혼인의 사원'이라고도 하는데, 여러 부류의 현지인들이 찾아와 기도하는 것을 보면 꼭 그렇게만 보이는 건 아니었다. 시바 신의 부인 화신을 모시고 있는 사당에 닭을 비롯한 가축을 바치고 사당 주위를 돌면서 촘촘히 걸려 있는 종을 치면 사랑을 이룰 수 있다고 한다. 역시 시계 방향으로 돌면서 경통을 돌리거나 종을 친다.

사찰마다 공통점 중의 하나는 비둘기가 많다는 것이다. 거의 비둘기 천국이라 해도 과언이 아닐 정도였다. 일부러 비둘기 먹이를 주기 때문이기도 하시만 곳곳에 배설물이 있어서 시각적으로 지저분해 보였다. 인간의 눈으로 봐서 지저분한 것은 사실이다. 맞은편 처마 밑에 앉아 사당을 돌며 기도하는 신도들을 유심히 바라보고 있는데 갑자기 우측 어깨에 뭔가 떨어지면서 심하게 역한 냄새가 났다. 비둘기 분비물의 유기산 성분은 대리석도 녹인다고 한다. 물로 씻어낸다고 해도 흔적이 남았다면 산성비와 같은 효과를 낸다고 한다. 한 번에 엄청 싸기도 했다. 무엇보다 냄새를 견디기 어려워 사람이 좀 적다 싶은 곳으로 가서 웃옷을 벗어 호숫물에 비벼 씻어냈다.

내리사랑

뱃살이 트고
가슴살이 늘어질망정 엄마는
기꺼이 몸을 내어줍니다

생살이 찢기고
기진맥진해 죽을망정 엄마는
기꺼이 물을 거슬러 오릅니다

부리에 금이 가고
깃털이 빠질망정 엄마는
기꺼이 먹이를 물어옵니다

그러한데도 다들 저 잘난 덕에
잘 사는 줄 아는 게지요

바라느니 일견 안부 전화뿐인데
다만 건강히 잘 지내고 있는지
사뭇 궁금해서

(2009년 5월)

스와얌부나트 Swayambhunath Stupa

네팔에서 가장 오래된 사원으로 기원전에 건립되었다. 예수 탄생 시기와 비슷한 연대다. 카트만두 서쪽 3km 지점의 가파른 언덕 위에 자리 잡고 있으며 타멜 지구에서는 차로 약 15분 거리에 있다. 사원의 가장 높은 광장에서는 카트만두 시내를 한눈에 조망할 수 있다. 네팔 불교인 라마교의 성지로 카트만두의 유래와 관련이 깊다. 본래 카트만두는 호수였는데, 문수보살이 호수의 물을 모두 말려 없애자 가장 먼저 이 사원이 떠올랐다고 한다. 1979년 유네스코에서 카트만두 계곡에 있는 7개의 주요 문화재를 세계문화유산으로 지정하였는데 스와얌부나트 사원도 그중 하나이다.

사원의 정상까지는 300개가 넘는 돌계단을 밟고 오르내려야 하지만 경사도가 가파른 만큼 스릴을 맛볼 수도 있다. 입구에는 여러 가지 장신구와 기념품을 파는 상점과 노점이 즐비하다. 목과 팔목에 기념품을 두르고 관광객을 따라다니며 파는 사람들도 더러 있다.

스와얌부나트 템플(몽키 사원)

스와얌부나트 템플 입장권

카트만두에 도착해 숙소로 들어가기 전 네팔에서 가장 오래된 스와얌부나트 템플Swayambhunath Temple을 방문했다. 사원 밖에서는 장신구를 판매하는 아주머니들이 1달러를 외치고, 사원 안 기념품 판매점 주인은 지나가는 사람마다 열심히 눈을 맞췄다. 간혹 하늘, 땅, 바람, 해, 달을 의미하는 5색 깃발이 나부끼고 있었다. 룬다Rlung Rta (혹은 룽따)라고 부르는 깃발에는 경전이 적혀 있어서 나부낄 때마다 경전을 읽는 효과가 생긴다고 한다.

계단을 올라가서 정상 평지의 중앙에 금빛으로 우뚝 서 있는 큰 규모의 스투파 윗부분에는 크게 그려진 부처의 눈이 멀리까지 내다보고 있었다. 사물의 본질을 꿰뚫어보는 통찰력을 상징하는 눈이다.

사원 경내에서는 불교 경전이 새겨진 마니차를 요소요소에서 많이 볼 수 있다. 신도들은 자연스럽게 마니차를 돌리고 지나가면서 연신 기도문을 외웠다. 어떠한 자세로 어떤 형식에 의해 마니차를 돌려야 하는지는 모르지만 나도 돌려보고 싶어졌다. 한 바퀴 걸어가며 마니차를 돌려보았다. 앞서 기도하던 사람이 옆의 다른 장소로 옮겨가며 계속 기도하는 모습을 보면서 뚜렷한 이유도 없이 나 자신에 내해 부끄러운 감정이 일었나.

스와얌부나트 템플은 원숭이가 많아 몽키 사원이라고도 불린다. 사원 전역에서 원숭이가 자유스럽게 놀고 있어서 경내를 돌아보는 동안 심심찮게 마주쳤다. 간혹 사원 내 원숭이가 담을 넘어 시내의 전봇대와 전선을 타고 노는 것도 볼 수 있었다. 그러나 사람에게 달려드는 것은 보지 못했다.

사원 전체를 장악하고 어디서 갑자기 나타날지 모를 원숭이

사원에는 385개의 계단이 있고 그 양쪽에는 불상과 사자·코끼리 등을 새긴 조각상이 세워져 있다. 또 경내에는 각종 탑이 세워져 있어 네팔 불교 미술의 극치를 보여준다. 흰 돔의 사원 꼭대기에는 금빛 탑이 있으며, 이 탑에는 카트만두를 수호하는 듯한 거대한 눈이 그려져 있다. 스투파라고 불리는 이 탑은 카트만두 시내를 한눈에 굽어보며 도시를 수호하는 듯한 신비로운 분위기의 눈이 압도적이다. 경내에는 각양각색 탑과 불상들이 불교 미술의 진수를 보여준다.

경내에 원숭이가 많이 살아 원숭이 사원이라고도 하며, 늘 성지를 순례하는 불교도와 세계 각지에서 온 관광객들로 북적인다.

지진으로 무너진 조형물

스투파 Stupa

카트만두 시내를 전망대에서 바라본 전경

여덟째 날

여덟째 날

한쪽에서는 죽음이 육신을 거두고, 한쪽에서는 탄생이 꽃을 피운다. 죽음은 뿌리째
무無로 돌아가고, 탄생은 무에서 유有를 창조해낸다. 그 중간에 원인을 이루는 인因의
역할이 있다.

네팔에서의 마지막 날

오늘은 산에 오르거나 원거리로 이동할 일이 없다. 카트만두 시내에서 머물다가 중간 경유지인 방콕으로 출발하면 되어서 여유 있게 일어나 달걀프라이와 차로 간단히 아침식사를 했다. 직원이 금방 구워서 내온 토스트는 딸기잼과 궁합이 잘 맞았다. 대부분 커피에 목말라하는 마음을 알아차렸는지 최정의팔 대표가 손수 준비한 재료로 정성스럽게 원두커피를 내려주었다. 덕분에 입안 가득 상쾌한 아침을 맞았다.

마지막 날이라는 생각에 호텔 5층에서 사방을 찬찬히 둘러보았다. 아직은 하루 일과가 시작되기 전이어서 상점들은 고객을 맞이하기 위한 물건 정리에 분주했다. 물건을 배달하는 오토바이의 굉음이 골목을 가르며 달렸다. 틈틈이 자리 잡은 환전소도 하나둘 문을 열고 오늘은 얼마나 환전하러 올지 가늠할 것이다. 맞은편 옥상에서는 기도를 마친 부인이 비둘기에게 먹이를 던져주며 보시를 하고 있었다. 해가 뜨고 하루가 시작되면서 모든 움직이는 물체들이 깨어나 생동감 있게 심장 박동수를 늘리고 있었다.

여기서는 어떤 변고가 생겨도 누구 하나 거들떠도 보지 않을 내가 상쾌한 아침을 맞아서 한국에서 보던 똑같은 하늘을 바라보고 똑같이 생긴 구름을 흘려보내고 있다. 서울을 떠나 지방 어디를 가든 주택과 자동차가 보이듯, 한국을 벗어난 세계의 구석구석에는 사람들이 서로 어울리고 부대끼면서 각자의 삶을 개척해간다. 그러다가 자기 태어난 곳으로 회귀하여 종내는 영면에 든다.
내세가 없이 현세만 존재한다면 어떻게 살아도 상관없으련만, 힌두교를 비롯해서 모든 종

교가 사후에 '환생' '영원한 세상' '천당·연옥·지옥' 등을 들어 기도와 고행을 통해 이런 방식
으로든 구원을 받도록 가르치고 있다. 그러면서 욕심과 유혹으로부터 벗어나도록 요구한
다. '나는 누구인가' '나는 어디서 무엇을 하고 있는가' '나는 지금껏 어떻게 살아왔으며, 앞
으로는 어떻게 살아가야 하는가' '세상에 태어나 뭔가 이뤄야 하는데 놓친 게 있다면 그것
은 무엇인가' 따위의 물음은 늘 따라다닌다. 더불어 누구나 피할 수 없는 현생에서의 '죽음
을 어떻게 맞을 것인가'에 대한 관심도 자연스럽게 동행을 한다. 다음에 마지막으로 들른
사원에서는 이러한 물음에 대해 더욱 구체적으로 생각할 시간을 갖게 해주었다.

파슈파티나트

파슈Pashu는 생명체, 파티는 존엄한 존재라는 뜻이다. '파슈파티나트'는 시바 신의 이름 중 하나다. 파슈파티나트 사원은 네팔 내에서 시바 신Lord Shiva을 모신 사원들 중 가장 신성시 되는 힌두 사원이다. 원래의 사원은 477년에 처음 세워졌으며, 1349년 벵골의 술탄이 침공하여 무너지자 1360년에 수리한 이후 최근까지도 보수하는 모습을 볼 수 있었다. 거기에 얼마 전의 지진으로 무너진 건축물의 붉은 벽돌 더미까지 복구를 기다리고 있었다. 현재의 모습은 1697년 말라 왕조의 부파틴드라Bhupatindra 왕 때 이루어진 것이다. 이곳은 네팔 산악 지역의 중심 주거지이며 히말라야 문화의 핵심 중 하나다. 이곳은 인도 아대륙에서 가장 큰 시바 유적으로, 신성한 바그마티 강둑을 따라 수백 년 동안 사원, 아슈람(힌두교 수행자의 마을), 그림, 비문들을 모아놓은 거대한 전시관이다.

(유네스코 세계유산, 유네스코 한국위원회 번역 감수)

파슈파티나트 사원 입장권

파슈파티나트 사원

귀국길에 앞서 카트만두 동쪽 5km에 위치한 파슈파티나트 사원Bathers at Pashupatinath Temple에 들렀다.

파슈파티나트 사원이 유네스코가 지정한 세계문화유산이 되는 것은 당연하게 보였다. 사원은 바그마티Baghmati 강을 접하고 있다. 내가 보기에는 강이라기보다 조금 큰 냇가라고 해야 맞을 듯싶었다. 힌두교도에서는 이 강물에 목욕재계하면 그동안 지은 모든 죄가 씻겨 내려가며, 죽은 뒤에 이 강물에 뼛가루를 흘려보내면 극락에 갈 수 있다고 믿고 있다. 실제로 독실한 힌두교도들은 바그마티 강에서 몸을 씻는 것을 소원으로 여기고, 죽을 때가 되면 이곳을 찾아와 죽음을 맞이한 후 화장된다고 한다. 실제로 바그마티 강둑에 늘어선 사각형과 원형의 화장터 가트Ghat에서는 가족의 시신을 태우면서 오열하는 사람들을 볼 수 있었다. 돌아가신 부모님의 장례를 치르면서 터져 나오던 울음이 생각나 숙연한 마음으로 한참을 쳐다보았다.

경내 깊숙이 들어가니 사원과 화장장 가트를 이어주는 다리 위에 예사롭지 않게 생긴 소 한 마리가 화장장 방향을 바라보며 우두커니 서 있었다. 하루 종일 꿈쩍 않고 서 있는 것 같았다. 아니 먼 옛날부터 먹지도 않고 이미 깨달음을 얻은 것처럼 그 자리에 서서 시간과 공간을 초월한 눈빛을 하고 있었다. 사람들이 오가며 자기 몸을 만져도 전혀 미동하지 않았다. 그래서 더 무서웠다. 소가 나를 속속들이 다 들여다보고 있는 것 같아서 눈을 마주보고 오래 서 있을 수 없었다.

힌두교 사원에는 시바 신을 상징하는 남근 상징물 '링감Lingam'이 여근 상징물인 '요니Yoni' 위에 합일된 형태의 석조물이 어김없이 모셔져 있다. 이 합일된 남녀 성기의 모양을 보여주는 링감과 요니는 '진리는 영원히 나뉠 수 없으며 합일된 상태에서 모든 존재의 완전함이 나타난다'는 뜻을 담고 있다.

사원 내 화장장 가트

사원 변에는 바그마티 강을 사이에 두고 화장장이 있다. 네팔인은 죽으면 다시 환생한다고 믿는다. 그래서 죽음을 두려워하지 않고 죽으면 24시간 내에 화장을 하는데, 나무와 볏단 위에 시신을 올려놓고 태운 뒤 남은 재는 고인의 유품과 함께 바로 옆에 흐르는 바그마티 강에 흘려보낸다고 한다. 이날 화장하는 광경은 여러 구 봤지만 강에 뿌리는 모습은 보지 못했다. 강이라고 하니 그런 것으로 믿어야겠지만 바닥에 얕게 고인 물밖에 없었다. 그나마도 더러웠다. 쓰레기로 덮인 오물 투성이의 하천에 화장한 재를 버린다는 게 믿어지지 않았다.

들은 얘기로는 상류층 부류는 강의 상류에, 하류층 부류는 하류에 재를 버린다고 한다. 땔나무를 제대로 장만하지 못하는 유가족의 경우는 시신을 다 태우지 못하고 버린다니 더더욱 믿어지지가 않았다.

미놋의 말로는 지진 후에 사망자가 많아 시신이 일시에 몰려들면서 화장장을 연달아 가동했는데도 다 수용하지 못하여 순서를 기다리느라 시신으로 주변 바닥이 꽉 메워졌다고 했다.

불교에서는 화장을 다비茶毘라 하여 '육신을 원래 이루어진 곳으로 돌려보낸다'는 의미가 있다. 다비식이라 함은 '시신을 화장하여 그 유골을 거두는 의식'이다. 우리나라의 일반적인 화장이 불교에서의 다비와 다른 점은 절에서 장작을 쌓아놓고 시신을 태우는 다비는 합법적이지만, 그 외의 화장은 반드시 허가된 화장터를 이용해야 한다는 것이다. 화장터에서는 연료를 경유와 LPG 또는 LNG를 사용한다. 소각로의 설정 온도는 화장로마다 다르지만 대체로 800~1,000℃이다. 장작불에 있어서 빨간 불은 800℃, 파란 불은 1,400℃에 이른다.

(위험물종합컨설팅 위이엔지)

시바 신을 상징하는 남근 상징물 '링감'과 여근 상진물인 '요니'
사원 전체를 통틀어 이와 같은 상징탑이 무수히 많다. 힌두교의
제례에서 링감(남근 형상)이 요니(여근 형상) 위에 합일체로 자
리 잡고 있는 모습이다. 인도에서 힌두교 이전 토착 종교에서 숭
배되던 남근 숭배가 힌두교에 편입되면서 시바의 상징 링가Linga
로 정착했다.

화장터 근처에서의 유가족들 모습

사원과 화장터를 오가며 제집 마당처럼 놀고 있는 아이들이다. 특별히 구걸을 하지도 않는
데 차림새는 가족이 없는 아이들처럼 보인다.

사후세계는 있을까

짧은 시간이었지만 사원에 머무른 동안에 삶과 죽음, 그리고 사후에는 어떻게 될까에 대한 관심이 저절로 들었다. 그러면서 사랑하는 사람들이 떠올랐다. 사랑하는 사람이 곁을 떠나는 것은 슬픈 일이다. 다시는 볼 수 없고 만질 수도 없기에 그 허전함과 허무함을 일시에 극복한다는 것은 쉽지 않은 일이다. 살면서 문득 생각이 나 그리움에 몸부림칠 때도 있다. 생진에 부모님께 불효한 것이 떠올라 가슴 치는 일도 있다. 부친이 운명하셨을 때도, 10년 후 모친이 돌아가시고 나서도 그랬다.

'돌아간다'는 것은 태어나기 전의 세상으로 회귀하는 것과도 같은 의미다. 사람이 어디에서 와서 어디로 돌아가는가, 태어나 한세상 살다가 생을 마감하면 그것으로 끝인가. 그렇게 믿고 싶지 않다. 죽음 뒤에 새로운 삶이 있으리라 기대한다. 기왕이면 살아생전에 이루었던 가족과 미련이 가시지 않은 사람과의 재회면 더 좋겠다.

죽음 뒤에는 어떤 형태로든 분명히 후생後生이 존재할 것이다. 그렇지 않고서야 어찌 종교가 존립이나 할 수 있을까. 인류 역사상 종교가 개인은 물론 사회 전반에 걸쳐서 영향을 미치지 않은 적이 없다. 어떤 종교든 간에 추구하는 목표는 대동소이할 것이다. 덕을 쌓고 착하게 살라는 데에 있다. 그래야 영혼이 구원받고 죽음 뒤에 원하는 최상의 상태로 돌아감을 소원한다.

사후세계는 없고 죽음과 함께 완전 빈 상태가 된다면 살아있는 것이 무슨 의미가 있으랴. 가난마저도 나눔을 실천하고 착하게 살고자 노력하는 것이 무슨 의미가 있으랴. 도움이 필요한 사람에게 다기기고, 죽어가는 시람을 살리고 대신 희생하는 것이 무슨 의미가 있으랴.
도대체 질서와 양심과 노력이난 게 필요는 한가. 꿈을 꿀 필요도, 꿈의 결과에 좌우될 필요
노 없게 된다. 이렇게 되면 세상은 말 그대로 아비규환의 지옥이 될 게 뻔하다. 그래서 더더
욱 죽음 뒤에도 분명히 '뭔가 있다'고 믿고 싶은 것이다. 그것이 무엇이든.

조상 묘소를 정리하는 와중에 파슈파티나트 사원 한쪽에서의 화장 장면을 보면서 나의 사
후에 대해서도 많은 것을 생각하게 됐다. 시간이 더 있었다면 종교를 초월해서 모든 죽은
이들을 위한 기도를 마음속으로라도 경건하게 올려드렸을 텐데 그렇지 못하여 아쉬웠다.

있음과 없음

화장장을 떠나 사찰을 빠져나오는데 엄마와 함께 예쁘게 단장한 아기를 보았다. 승려로부터 축복을 받았던 것인지 모녀의 모습이 평안해 보였다. 가까이에서 그 모습을 보고 있노라니 저절로 미소가 지어졌다. 나는 그 모녀의 평온함을 느끼고 싶어져서 사진에 담았다.

한쪽에서는 죽음이 육신을 거두고, 한쪽에서는 탄생이 꽃을 피운다. 죽음은 뿌리째 무無로 돌아가고, 탄생은 무에서 유有를 창조해낸다. 그 중간에 원인을 이루는 인因의 역할이 있다. '혼인'의 혼인할 '婚'에 여자를 의미하는 계집 女자가 있고, 혼인 '姻'에도 역시 女자가 들어 있는데, 남자와 여자가 만나 부부가 되어 살아가는 데는 여자가 하는 일 중에 가장 중요한 일이 바로 有를 창조해내는 것이기 때문일까. 그래서 원인을 이루는 근본因에는 필히 여자의 역할이 있어서 女자가 붙여진 것일까.

있음無에서 있음有이 되기 위해서는 원인困이라는 농기가 픽요하다. 삶은 탄생이라는 원인에 의해 생명이 주어지고有, 죽음은 사밍이라는 원인에 의해 생명을 거둬들인다無.

철학박사 안광복은 하이데거가 <존재와 시간>에서 존재의 의미를 제대로 밝히지 못했고, 제대로 밝히지 못한 데는 이유가 있다면서 아래와 같이 설명한다.
안광복은 하이데거의 말을 빌려 '존재'에 대한 있음과 없음을 설명하고 있다. 그리고 하이데거가 '존재'의 의미를 결국 밝히지 못했다는 데에 아쉬움과 함께 그 어려움을 공감하고 있다.

"<존재와 시간>에서 하이데거가 탐구하려고 했던 것은 바로 '존재' 자체이다. 존재를 밝히기 위해서 하이데거는 인간을 연구했다. 세상에는 돌, 꽃, 나무, 동물 등 수많은 '존재자'가 있다. 이런 것들은 그냥 존재하고 있을 뿐 자신의 존재에 대해서 묻지 못한다. 하지만 인간은 다르다. 오로지 인간만이 존재에 대해, 즉 '있음'과 '없음'을 구별할 수 있으며 왜 자신이 존재하는지 의문을 품을 수 있다.
인간은 나무 한 그루, 돌덩이 하나, 개 한 마리가 존재하는 것과는 근본적으로 다른 방식으로 이 세계에 존재한다. 나무나 돌덩이, 동물들은 그냥 주어진 대로 있을 뿐이다. 하지만 인간은 시간 속에서 스스로 결단해 자신의 존재를 실현해가며 산다. 이를 하이데거는 인간은 '스스로 자기 자신의 존재를 떠맡는다'라고 표현한다.
그러나 모든 인간이 자신의 존재를 실현하며 살아가지는 않는다. 대부분 사람들은 자신의 가능성을 의식하지 못하고 다른 사람들이 하는 대로 따라 살아간다.
사람들은 언젠가는 죽을 수밖에 없다는 사실을 무의식중에 알고 있다. 그럼에도 대부분의 사람들은 죽음의 불안에서 벗어나기 위해 일상의 쾌락, 다른 이들과의 관계 등에 몰두하면서 계속 비본래적인 삶을 살아간다. 이에 대해 하이데거는 인간이 '시간의 흐름 속에서 언젠가는 죽음에 이르게 된다는 것을 자각하고 자신의 죽음을 직시할 때 비로소 본래적인 실존을 찾을 수 있다'라고 역설했다.
죽을 수밖에 없는 존재이기에, 그런 사실을 알고 있기에, 인간은 삶의 순간마다 자신의 죽음을 생각해볼 수 있다. 그렇게 미리 경험해본 죽음이 지금 이 순간의 내 삶을 반성하게 만들고 스스로 결단하여 새 삶을 기획하도록 만든다. 아직 오지 않은 나의 미래가 현재 나의 삶을 바꾸어놓는다. 오직 인간에게만이 이처럼 있지도 않은 미래가 현실을 규정한다."

이 '존재'에 대한 유무有無에 앞서 제기한 사후세계에 초점을 맞추어 철학적 의미에서 종교적 의미로 접근해보자.

가톨릭(천주교)에서는 "사랑(선행)을 실천하는 사람은 하느님 나라에 들어간다"고 말한다. 무신론자든 불교·이슬람교 등 다른 종교 신자든 사랑을 실천하는 사람에게서 하느님의 선하심을 찾아볼 수 있다고 인정하며 그러한 섭리에 대해 경의를 표하고 있다. 하느님의 뜻대로 살지 않는 사람(즉 하느님의 뜻에 따르지 않고 사랑을 실천하지 않는 사람)은 지옥에 간다고 믿는다. 이것은 사람에게 영(靈. 혼백)과 혼(魂. 넋·마음)이 있다는 것을 의미한다.

반면에 동물과 식물도 생명이 있기에 나름의 혼이 있는데, 그것은 '이성'과 '자유 의지'가 있는 인간의 영혼과는 다른 개념의 혼이며, '본능'은 있지만 '자유 의지'가 없기 때문에 선과 악에 대한 개념 또한 없어서 천당이니 지옥이니 따위의 개념 자체가 없다고 한다.

기독교(개신교)는 "하나님을 믿어야 하늘나라에 들어간다"고 가르친다. 즉 '예수→천국, 불신→지옥'이라 하여 오직 하나님에 대한 믿음의 여부에 따라 사후세계가 결정된다고 보며, 천국과 지옥을 논하는 데 있어서는 가톨릭과 다름없다. 다만 '예수를 믿으면 천국에 가고 예수를 불신하면 지옥에 간다'는 말은 이 세상에서 선하게 살아야 한다는 것을 극단적으로 표현한 것이 아닐까 생각한다.

그러면서 "예수를 믿고 그와 하나가 된 하나님의 자녀는 육체가 죽어도 영은 혼이 있어 밖으로 나와 하나님 나라에서 영생하게 된다"고 전하는 면에서 역시 사후세계가 있음을 말한다.

불교는 "육신은 소멸해도 마음은 소멸하지 않는다"고 가르친다. 그 마음을 기반으로 해서 '다음 세상'이 펼쳐진다고 한다. 그래서 불교는 '마음 수행이 곧 핵심'이 된다. 해탈 열반이 실현되어서 마음이 소멸해버리면 더 이상 다음 생에 태어나지 않기 때문에 최종 완성 단계에 이르렀다고 보며, 그 이전에는 선업이나 악업에 따라서 신→인간→아수라→동물→악귀의 세상을 윤회한다고 본다. 즉 윤회 사상이다. 사후세계가 있음을 말한다.

이슬람교는 "알라에 대한 믿음과 인간의 행위가 사후세계를 결정한다"고 말한다. 이는 사후세계가 있음을 말한다. 그 외 소크

라테스, 플라톤, 아리스토텔레스 등의 철학
자들 또한 사후세계를 인정하고 있다.

나 또한 사후세계가 있다고 믿고 싶다. 그래
야만 한다. 막가파식의 흉악한 범죄가 하루
가 멀다고 발생하는 것을 보며 슬픔의 눈물
을 흘리게 하는 그들을 단죄하는 뜻에서라
도 이승에서의 결과에 따른 사후세계가 있
어야만 한다. 반대로 선한 사람들에게 상을
주는 뜻에서라도 사후세계가 있어야 한다.

잊히지 않는 꿈

나에게는 어려서부터 꿈에 자주 등장하는 광경이 있다. 한두 번도 아니고 지나칠 정도로 자주 꾸는 꿈인데 어떤 역사 깊은 고찰 경내의 다양한 위치에 서 있는 모습이다. 아주 오래된 사찰인데 사찰의 풍경은 변하지 않으면서 꿈을 꿀 때마다 서 있는 위치는 달랐다. 여러 번 봤으므로 사찰의 모습은 그림으로 표현할 수 있을 정도로 생생히 기억한다.

네팔에 도착해서 처음 간 카트만두의 황금 사원 문턱을 넘어선 순간 그 꿈이 생각났다. 여기저기 건축물을 살펴보았지만 내가 꿈에 본 사찰과 일치하는 부분은 없었다. 마지막으로 들른 파슈파티나트 사원에서도 보지 못했다. 굳이 일치하는 사원을 찾으려는 것은 아니고 가톨릭 신자인 내가 전생에 불교와 연관이 있는 삶을 살았는지에 대한 의문을 가지는 것조차도 별 의미가 없어 보이는데 내내 잔상이 남아있는 것은 왜일까.

죽음이 끝이 아니라 새로운 시작이고, 그 시작이 전생에 행한 업보와 관련된 존재가 되는 것이라면 현세에서 잘 살기 위한 노력은 절대적으로 필요하다. 그렇다면 자기 정진의 수행 외에 잘 사는 삶이란 어떤 삶일까. 딱히 이것이다.라고 한 가지로 정의할 수 없을 만큼 다양한 삶이 있을 것이다. 그중에 오래전부터 나의 영혼과 인생에 영향을 미친 몇 사람과 최근에 쫓아 살도록 영향을 미친 사례를 몇 가지 꼽아보고자 한다.

1. 마리안느 수녀와 마가렛 수녀

1997년 8월에 전남 고흥군 소록도에서 살아 있는 성녀 두 분을 뵌 적이 있다. 오스트리아인인 마리안느Marianne Stor 수녀와 마가렛Margareth Pissarek 수녀이다. 소위 문둥병 환자(나병 환자)라는 한센인을 위해 40여 년간 희생정신으로 묵묵히 봉사하다 나이 들어 건강이 나빠지면서 2005년에 쪽지 한 장만 남겨놓고 홀연히 귀국하신 분들이다. 고흥군에서는 두 수녀님을 노벨상 후보로 추천을 추진 중이기도 하다.

두 수녀는 1962년 2월에 소록도로 들어갔다. 당시 환자는 5,500명가량 되었다. 어린이의 수도 상당했다. 그때부터 43년간 환자들을 돌보았다. 이들이 소록도 병원에 와서 한 첫 번째 일은 한센인과 함께 식사하기였다. 이것은 큰 반향을 일으켰고 충격적이었다. 의료진조차도 직접 치료를 꺼렸던 당시의 분위기로는 감히 상상하지 못할 사건이 되기에 충분했다. 상태가 좋지 않은 환자에게는 음식을 직접 먹여주었다. 환자들의 몸 깊이 박힌 고름을 직접 입으로 빨아내기도 했다. X-레이 촬영 기계를 처음 들였을 때는 놓을 자리가 없었다. 그때 마리안느 수녀는 "우리 진료실 방향으로 두세요. 저희는 괜찮아요"라고 말하며 몸에 해로운 방사선 쐬는 것을 마다하지 않았다. 그렇게 일생을 소록도 한센인을 위해 헌신하는 것만으로 늙어간 분들이다.

내가 처음 뵈었을 때는 그분들의 숙소에서였다. 두 분이 나란히 서서 설거지를 하고 계셨다. 설거지 그릇에는 다른 분들의 접시까지 수북이 쌓여 있었다. 수도꼭지만 틀면 물이 철철 흐르는데도 큰 그릇 안에 반도 안 되는 물을 받아놓고 식기들을 하나하나 닦고 계셨다. 그다음에 한 번 깨끗한 물로 헹구는 것이 전부였다. 그런데도 식기들은 반짝였다. 그때부터 나는 (매번 그런 것은 아니지만) 생각날 때마다 물을 아껴 쓰는 습관이 생겼다.

2. 바버라 애덤스

2016년 5월 14일 한국일보에 '네팔의 왕자비에서 네팔의 자선·인권운동가로'라는 기사로 바버라 애덤스Barbara Adams라는 분에 대한 얘기가 실렸다. 기사 내용 중 일부를 정리하면 다음과 같다.

<그녀는 1931년 미국 맨해튼에서 태어나 2016년 네팔 카트만두에서 84세의 일기로 생을 마친 분이다. 네팔 왕자 바순다라Bhasundhara, 1921~1977와 결혼하여 왕자비로 지내기도 한 여성이다. 왕가의 일원이던 그는 내

부 참여자이자 외부 관찰자로서 네팔의 정치적인 변혁 과정을 기록하고 고발하는 저널리스트가 됐고, 말년에는 네팔 민주주의와 빈민 인권·복지를 위해 살았다.

1961년, 그녀는 카트만두를 "조금도 때 묻지 않은 아주 작고 아름다운 마을이다. 길에 쓰레기봉지 같은 것도 볼 수 없는데 아예 살 게 없었기 때문이다, 푸른 언덕과 눈 덮인 산봉우리들, 몇 채의 블록집들, 말 그대로 '샹그리라'였다"라고 표현했다.

1972년에 마헨드라 왕이 숨졌다. 1977년에 바순다라도 숨졌다. 바순다라와 사실혼 관계였던 왕자비 애덤스에 대한 왕실의 경계와 푸대접이 심해졌다. 바순다라와 함께 운영하던 여행사는 왕실에 빼앗겼고, 애덤스는 바순다라가 준 장신구와 네팔 수공예품을 해외에 내다 팔며 생활을 이어갔다.

만년의 애덤스는 바버라평화재단Barbara Peace Foundation을 설립, 네팔 민주화와 환경·빈민 교육·구제 사업에 헌신했다. 재단은 힌두 카스트의 최하층민 달리츠Dalits 공동체에 집을 지어주는 사업도 벌였다. 네팔 서부 끄트머리 바이타디Baitadi에 주로 모여 사는 그들은 네팔 민주화 이후에도 움막과 동굴 등에서 겨울과 여름 우기를 나며 아이 낳고 살아온 극빈층이다.

애덤스는 "청년들이 나의 희망이자 네팔의 희망"이라고 말했다. 그는 "과거 왕실과 귀족이 있던 시절에도 그들은 마을과 평민들의 삶에 거의 관심이 없었지만 빈부 격차는 그때보다 오히려 지금이 더 커진 것 같다. 지금은 돈이 사람을 차별한다. 사람들도 달라져 탐욕과 부패가 네팔의 문화가 된 듯하다. 지금 네팔은 서구의 가장 나쁜 것들만 받아들인 듯하다. 내게 지금보다 나은 네팔, 새로운 네팔을 건설할 수 있다는 희망을 주는 건 오직 청년뿐이다. 뭐가 필요하고 무엇을 해야 하는지 그들이 몰두해야 한다"고 말했다.>

그는 고인의 뜻에 따라 (내가 방문하기 이틀 전) 4월 24일 파슈파티나트 사원에서 화장됐다.

3. 생명누리

'생명누리'는 한국에 본부를 둔 국제 NGO 단체다. 세계의 가난한 나라들의 마을을 중심으로 지속 가능한 마을의 자립을 돕는 사업을 하고 있다. 더 나은 미래를 만들어갈 지도자 양성에 힘쓰고, 생명 농업을 기반으로 자립 경제의 틀을 만들며, 자연과 사람을 함께 살리는 교육과 나눔 운동을 확산시키는 일에 중점을 두고 있다. 현재는 주로 말라위, 네팔, 인도 등지를 대상으로 하고 있다. 바글룽의 샤히 교장도 생명누리 일원 중

한 사람이다.

이들 활동의 중심과 뒤에는 늘 보이지 않게 묵묵히 헌신하는 사람들이 있다. 잘 보이지 않는다. 굳이 보이려 애쓸 필요가 없기 때문이다. 그런데 이러한 사업의 진행 과정과 결과는 지금 이 순간에도 변함없는 감동을 주고 있다.

4. 서판임 수녀 외

소록도에서 평생 의료 봉사를 하고 퇴직 후에도 한센인의 건강과 영혼을 위해 죽는 날까지 일을 할 태세인 서판임 수녀(간호사 신분이었지만 나를 비롯해 많은 사람은 그녀를 수녀로 부른다).

1970년대 초부터 현재까지도 중증 장애인의 이동은 물론 홀로서기와 보호에 앞장서며 노년기를 맞은 한벗재단의 백진앙, 불의에 맞서 정의로운 행동과 실천으로 아름다운 사회와 평화로운 세상을 가꾸는 문홍주, 몸에 70% 화상을 입고도 사회 구석구석에 희망을 심어주고 돌아가신 채규철, 정직과 솔선수범으로 어떻게 살아가야 하는지를 몸소 보여주고 아깝게 우리 곁을 떠난 정해열과 송재천, 전신마비의 몸으로 차상위 계층의 삶에 보탬이 되고자 20년에 걸쳐 매월 수십

명에게 적잖은 금액을 모아 희망의 빛을 서물하고 떠난 김옥진 시인 등이 생각난다. 사회나 어떤 한 집단 또는 개인을 대상으로 하지는 않지만 결과적으로 모든 사람에게 모범적인 삶을 지향하는 자칭 '철들지 않은 사람들'의 철이 든 모습은 충분히 내세울 민하다. 그 외에도 NGO 단체에 직간접으로 참여해서 헌신하는 사람들, 도움을 필요로 하는 사람들 앞에 당당히 나서서 실질적인 방향키 역할을 하는 사람들은 무수히 많다. 그들을 보면 숙연해진다. 아무 말도 하지 못하겠다. 세상은 그들이 있기에 희망이 있고 밝다. 묵묵히 세상을 빛내고 올바른 길로 인도하는 사람들은 상상외로 많지만 그저 얘기로만 듣는 것과 작은 일이나마 관심을 가지고 참여하는 것은 다르다. 복잡다단한 사회에서 흔들림 없이 더불어 사는 삶을 실천하는 그들의 인생을 들여다보노라면 그게 바로 잘 사는 삶의 한 형태라고 여겨지는 것이다.

여러 부문에서 정말 아까운 사람들은 오래 살면 좋겠는데 인간의 수명은 고루 정해져 있어서 안타깝다.

여행을 마치며

8일간의 여정을 마치고 네팔에서 방콕으로 건너가 다시 사붓쁘라칸 주 방 플리에서 밤을 보낸 후 이튿날 아침에 대만을 경유해 인천을 거쳐 귀가했 다. 전기와 물이 귀한 세상에서 문명사회로 회귀하는 길은 화려했다. 한밤 중인데도 가로등 불빛이 환하게 밝았고 차들은 신호등의 지시에 따라 일 사분란하게 움직였다. 불과 일주일이 지났을 뿐인데 수시로 전기가 끊기 고 흙먼지 펄펄 나는 길에 머물다 돌아온 문명사회는 유난히 휘황찬란하 게 느껴졌다.

나는 문명사회로 돌아오면서 잘 사는 삶에 대해 다시 생각해보았다. 내가 누리는 문명의 혜택이 아무리 화려하고 편리하더라도 소득수준이 극히 낮은 부탄 국민의 행복지수가 세계 1위를 차지하고 있는 것은 어떻게 설 명해야 할까? 어떻게 보면 잘 사는 삶이란 아침에 잠에서 깨어나 살아있 음에 감사하고, 저녁에 잠자리에 들면서 하루를 잘 산 것에 대해 감사하며 사는 것이라는 생각이 들었다.

일주일간의 네팔 여행은 '나를 알기'위한 시간으로는 충분하지 않다. 하물 며 고작 제한된 몇 개의 장소를 다녀온 것이 전부이면서 마치 네팔을 잘 아 는 것처럼 말하긴 어렵다. 아니 못한다. 그러나 며칠 다녀온 것에 비해 받은 감동은 놀라울 정도로 컸다. 다시금 바라건대 일부러 시간을 내서라도 몇

빈이라도 더 다녀오고 싶다. 어디를 가든 이처럼 가슴을 후벼파듯 싶은 인상을 주는 곳은 없었다. 더 의미가 깊고 감동을 주는 곳이 아무리 많다고 해도, 적어도 내가 지금껏 다녀본 중에는 그렇다.

한 사람의 인생에 있어서 단 며칠은 일찰나 중의 극찰나에도 미치지 않을 수 있다. 그러나 어떤 찰나의 순간이 일생의 한 부분을 좌우할 수도 있는 깊은 감명과 영향을 주었다면 결코 대수롭지 않게 치부할 수 없는 것이다.

여행을 통해 내가 얻은 결론을 한 단어로 표현한다면 존재의 확인이었다. 그것은 '나는 중요하고 아무리 애써도 변하지 않을 상황으로 인해 나 자신을 괴롭히지 말자'라는 말로 귀결된다. 내가 있어서 세상이 존재하는 것이지 내가 없는 세상이 무슨 소용이란 말인가. 살아 움직이는 내가 바로 세상의 중심이라면 과언일까. 내가 숨 쉬고 있는 이곳에서 좋든 싫든 나와 더불어 존재하는 모든 것에 대한 소중함을 담아 여행기를 마치다.

CHINA
TIBET
HIMALAYA
NEPAL
ANNAPURNA
Conservation area
AUSTRALIAN CAMP
BAGLUNG
POKHARA
PHEWA
BHAKUNDE
KATHMANDU
MOUNT EVEREST
INDIA
BU

대표적인 트레킹 쿠스

· 동부

에베레스드

(에베레스트 베이스캠프 트레킹 : EBC)

위치 : 인도 북동쪽, 네팔과 중국(티베트) 국경

높이 : 8,848m

소요 시간 : 14~20일

최고 높이 : 5,545m

가장 좋은 트레킹 시기 : 10~12월

출발 지점 : 루클라

종료 지점 : 루클라

· 서부

안나푸르나

(안 나푸르나 베이스캠프 트레킹 : ABC)

위치 : 네팔의 히말라야 중부

높이 : 8,091m

소요 시간 : 10~14일

최고 높이 : 4,095m

가장 좋은 트레킹 시기 : 10~11월

출발 지점 : 페디

종료 지점 : 나야풀

· 중부

랑탕 트레킹

위치 : 카트만두 북쪽으로 티베트 남쪽과

국경을 접하는 좁은 골짜기

랑탕리룽 : 해발 7,256m

소요시간 : 7~8일

최고 높이 : 3,870m

가장 좋은 트레킹 시기 : 9~5월

출발 지점 : 스야브루베시

종료 지점 : 스야브루베시

네팔의 국기와 국화

네팔의 국기는 예로부터 네팔인이 종교적 행사에 사용해오던 무형을 정현하한 것이다. 세계에서 유일하게 사각형 모양이 아닌 위아래 양쪽으로 2개의 삼각형을 포개어놓은 형태이다. 테두리선인 감색은 하늘과 바다를 상징하고, 바탕색을 이루고 있는 짙은 적색은 네팔인의 종교적 의식에 따라 행운을 의미하며, 초승달로부터 뻗어 나온 8개의 광선은 왕실과 평화를 의미하고, 태양으로부터 12개의 광선은 재상 일가와 힘을 의미한다. 전체적으로는 '달이나 태양과 같이 국가가 길이 번하라'는 염원을 나타내고 있다.

네팔의 국화는 철쭉과의 Rhododendron이라는 꽃으로 네팔어로는 'Lali Guran'이라고 불린다. 이 꽃은 봄을 알리는 3-4월에 개화하며, 네팔인들이 '티카'를 이마에 찍거나 결혼식 및 각종 축제의 드레스 색깔로 사용하는 붉은색 꽃으로 상서로움을 나타낸다.

네팔의 지리와 기후

네팔의 지형은 남북으로 150km라는 좁은 폭 사이에 고도 60m부터 지구에서 가장 높은 8,848m(히말라야 산)의 고봉까지 다양한 높이로 구성되어 있다. 따라서 기후 또한 지역에 따라 아열대성 기후부터 극한 기후까지 다양하게 나타난다. 네팔은 수도 카트만두(Katmandu)를 기준으로 북위 27°42´, 동경 85°20´에 위치한다. 카트만두의 날씨는 봄(3~5월)은 평균 기온 20°C, 여름(6~8월)은 24°C, 가을(9~11월)은 20°C, 겨울(12~2월)은 10°C를 보인다. 6월부터 9월까지는 우기이다. 우기에는 폭우로 인한 산사태로 수도에서 다른 지역으로 가는 길이 유실되는 경우가 종종 발생한다.

트레킹하기 좋은 시기

네팔에서 트레킹하기 가장 좋은 시기는 10월부터 5월까지 해당하는 건기이며, 최악의 시기는 6월부터 9월까지의 우기이다. 건기인 10월과 11월은 트레킹에 최적의 날씨를 선사하여 이 시기에는 주요 루트들이 트레커들로 북적거린다. 비로 깨끗하게 씻겨 나간 신선한 대기는 수정처럼 투명하고 날씨도 아직까지는 따뜻하다. 12월, 1월, 2월도 트레킹을 하기에 좋은 시기이긴 하지만 추위가 혹독하고 높은 고도에서는 위험할 수 있다. 에베레스트 베이스캠프(EBC)까지 가는 것은 인내를 필요로 하며, 안나푸르나 서킷의 토룽라는 종종 눈으로 봉쇄된다. 3월과 4월은 장기간 건조한 날씨로 먼지가 날리기 시작해 시야 확보에 영향을 미친다. 히말라야의 경치가 다른 시기보다 덜하다고는 해도 사람이 거의 붐비지 않은 것에서 받는 보상 그 이상이며, 따뜻한 날씨와 진달래가 만개한 모습이 장관이다. 5월이 되면 무척 덥고 먼지가 날리고 습해지기 시작하며 우기가 바로 코앞에 다가온다. 6월에서 9월까지는 비로 인해 길이 위험할 정도로 미끄러울 수 있고, 종종 강이 범람하여 다리와 확장로가 씻겨 내려간다. 네팔의 유명한 주카(거머리)는 우기에 찾아오는 불청객이다. 하지만 조심하기만 하면 여전히 트레킹은 가능하며, 길에는 트레커의 수가 눈에 띄게 적어진다.

네팔의 언어

네팔에는 다양한 종족만큼이나 많은 언어가 공존하고 있으며, 공용어는 네팔어이다. 네팔어는 인도·아리안계 언어인 힌두어와 티베트, 미얀마계 언어가 혼성된 언어로 힌두어와는 70% 정도 소통이 가능하다.

네팔의 다양한 종족

네팔 인구의 대부분은 인도-아리안 계열이고, 나머지는 북부 지역, 무스탕의 셰르파(Sherpas), 돌파(Dolpas), 로파(Lopas)와 같은 티베트인과 보티야인, 중부 지역의 네와르(Newars), 타망(Tamang), 라이(Rais), 림부(Limbus), 수누와르(Sunwars), 머거르(Magars), 구릉(Gurungs)족과 같은 몽골리안이다.

○ 네와르족(Newars)
네와르족은 카트만두 인구의 44%, 네팔 전체 인구의 7%를 차지하는 주요 토착민 중 하나이며, 티베트-미얀마 어족에 속하는 네와르족은 정치, 경제, 역사, 건축, 예술 등 다양한 분야에서 뛰어난 능력을 보여주었다. 이들은 네팔 종교의 특징인 종교 혼합주의에 따라 힌두교와 불교를 따로 분리하지 않는다.

○ 구룽족(Gurungs)
티베트-미얀마 계열인 구룽족은 카스키, 람중, 안나푸르나 히말랴야의 산 중턱과 계곡 부근에 주로 거주한다. 라이(Rais), 림부(Limbus), 머가르(Magars)족과 마찬가지로 이들을 고르카라고 칭한다. 고르카는 고르카 지역에서 뽑힌 군인들이 그만큼 용감했기 때문에 대부분의 군인을 지역에 상관없이 예롭게 부를 때 사용하는 말이다. 구룽족도 네팔 대부분의 국민과 마찬가지로 힌두교와 불교를 함께 믿고 있다.

○ 머가르족(Magars)
머가르족은 전체 인구의 7.2%를 차지하며 더울라기리 남쪽 칼리 건타키 지역에 거주한다. 티베트-미얀마 계열로 언어는 티베트-미얀마어족에서 비롯되는 그들의 방언을 사용한다.

○ 셰르파족(Sherpas)
티베트로부터 온 셰르파족은 히말라야의 고산족 중 가장 유명한 민족이며 주로 에베레스트의 산기슭인 솔루, 쿰부 지역에 거주하며 모험심 많은 산악가로 원정대 리더, 산악 가이드, 포터의 역할도 한다.

○ 타루족(Tharus)
타루족은 시발릭 언덕(Shivalik hill)의 남쪽을 따라 인도와 네팔의 국경인 떠라이(Terai) 지방 숲 속에 사는 소수 민족이며, 인도의 지배 계급인 라즈풋(Raj put)의 후손으로 네팔 전체 인구의 6.4%를 차지한다. 몽골 인종에 속하는 이들은 다갈색 피부이고, 나자(Naja)라는 토착어를 사용한다. 지역에 따라 떠라이 동부 지역에서는 마이탈리(Maithali), 중부 지역은 보즈푸리(Bhojpuri), 서부 지역은 아바드히(Avadhi) 언어를 사용한다. 종교는 힌두교와 불교의 믿음에 반하는 애니미즘이다.

네팔의 교통 상황

카트만두에 도착하는 사람들은 대개 델리, 방콕, 싱가포르, 홍콩 등지를 경유해 들어온다. 런던과 프랑크푸르트에도 매주 몇 차례 항공편을 운항하며, 오사카에서는 일주일에 한 번 운항한다. 또한 한국과도 직항이 매주 2회 운항되고 있다. 마찬가지로 파키스탄의 카리치, 방글라데시의 디카, 티베트의 라사 등지에도 카트만두행 노선이 있다.

산악 등반의 동반자 셰르파족

셰르파족은 네팔의 산악에 거주하는 민족으로, 티베트어로 'shar'와 'pa'는 각각 '동쪽'과 '사람'을 의미하고 있어 '동쪽에서 온 사람'을 의미한다. 셰르파족이 약 500년 전에 티베트에서 네팔 산악으로 이주한 데서 유래한다. 셰르파족은 히말라야의 고산지대에 거주하고 있어 고소 적응 능력이 뛰어난데, 히말라야의 고봉을 오르는 산악 원정대의 안내와 짐꾼으로 활약하고 있어 '원정을 돕는 사람들'이라는 표현으로 사용되고 있다. 실제로 원정 초기부터 셰르파족은 고산 정복에서 중요한 역할을 담당하는데, 텐징 셰르파는 1953년 에드먼드 힐러리와 함께 에베레스트 산에 최초로 오르기도 했다.

국내 항공편

정치와 경제의 변화가 극심했던 1990년대에 민간 항공사 몇 곳이 문을 열게 되면서 당시까지 항공편을 독점하던 국가 운영 항공사 네팔 에어라인(NAC : Nepal Airlines Corporation)과 경쟁하기 시작하여 국내선 비행기가 한층 쾌적해지고 편리해졌다. 단 네팔에서는 기상 조건 때문에 항공편이 자주 지연되거나 취소된다. 그러므로 적어도 여행 시에는 하루 이틀 정도 여유를 두는 편이 좋다.

버스
철도가 없는 네팔에서 버스는 네팔 사람들이 국내 이동 시 주로 이용하는 교통수단 중 하나로 어디든 갈 수 있다. 하지만 도로 시설이 열악하여 매우 느리고 불편하다. 주요 버스 정류장은 카트만두 북동쪽에 라트나 공원(Ratna Park)과 바그 시장(Baagh Bazaar)에 있다. 야간 버스는 대도시 중심부에서 쉽게 이용할 수 있고, 포카라행 정규 버스나 기타 장거리는 라트나 공원(Ratna Park) 동쪽에 있는 터미널에서 출발한다. 장거리 버스는 하루 전에 표를 예매하는 것이 좋다.

택시

네팔 택시에는 검은색 인가 번호판과 미터기가 달려 있다. 기사가 미터기가 고장 났다고 말한다면 다른 차를 갈아타는 편이 낫다. 팁을 줄 필요는 없지만 기사들이 은근히 바라는 경우가 많다. 또 낮에는 미터기 요금대로 주면 되지만, 밤에는 50퍼센트의 할증료에 웃돈까지 내야 할 때도 있고, 잔돈을 거슬러주는 일도 드물다.

오토바이

대중교통이 발달하지 않은 네팔에서 가장 인기 있는 교통수단은 오토바이다. 해외 노동자들의 송금으로 생활 수준이 높아진 많은 수의 네팔인들이 오토바이를 구입하여 이용하고 있다. 이러한 오토바이로 인해 카트만두 시내 교통 체증이 증가하며, 시내 교통 상황은 매우 혼잡하다.

용감한 군인의 상징 고르카 용병

영국과의 전쟁에서 네팔인들은 칼 하나를 가지고 최신 개인 화기를 갖춘 영국군들을 약 800명이나 전사케 했는데 이러한 네팔인들의 전투 소질에 매료된 영국은 고르카(Gurkha)로 알려진 용병을 영국군에 데리고 갔다. 그 후 용병 고르카는 영국군에서 싸웠으며, 1982년 포클랜드 전쟁 중에 아르헨티나인들 사이에 공포의 대상으로 알려졌다. 한때는 이들 고르카 용병들이 벌어들이는 돈이 네팔의 주요한 소득원이었던 적도 있었다. 영국군이 고르카인(정확하게는 고르카 지역 거주민)들을 대상으로 용병 모집을 할 때는 달리기, 체중, 키, 가슴둘레 등 건강을 체크하는데 그중에서도 달리기를 제일 중요하게 여긴다.

네팔의 역사

프리트비 나라얀 샤 왕과 네팔 통일

1768년 작은 산악 왕국 고르카의 통치자 프리트비 나야얀 샤는 카트만두 계곡 끝자락에서 네팔 통일의 꿈이 임박했음을 음미하고 있었다. 인드라 자트라 축제 기간을 틈타 카트만두 계곡을 침공하여 지루한 공격 끝에 1769년 말라 왕조의 세 개 왕국으로부터 항복을 얻어내고 수도를 카트만두로 옮겨 샤왕조를 창시하며 네팔을 통일했다.

Shah 왕의 계승자들은 왕국을 확장시켜 카슈미르와 티베트까지 뻗어나갔다. 그리고 인도 동부의 시킴(Sikkim)까지 점령했지만, 1792년 티베트와 벌인 전쟁에서 패하면서 영토 확장도 중단되었다. 샤왕조는 1769년부터 2008년 갸렌드라(Gyanendra) 국왕이 권력을 포기할 때까지 네팔을 통치했다.

라나 일족의 지배

1846년 젊은 체트리족 출신 귀족인 장 바하두르(Jung Bahadur)가 카트만두 Kot 왕궁에 모인 55명의 귀족들을 살해하고 권력을 차지하는 일이 발생한다. 바하두르는 총리대신의 자리를 차지하고 자신의 가문 이름을 라나(Rana)로 바꾸고 자신의 지위를 후손들에게 계승한다는 법령을 공포하는 등 샤 왕조를 무력화시켰다. 라나 가문은 왕족과 동등한 지위를 누렸으며 실질적인 권력을 차지하였다. 라나는 1세기 이상 네팔을 지배하였으며 샤 왕족과 혼인해 혈연 관계를 맺었다.

라나 일족은 유럽에서 대리석 바닥재나 크리스털 샹들리에를 수입하면서 호화로운 유럽식 왕궁을 지었으며, 오늘날에는 라나 일족이 지은 왕궁들이 대개 정부 청사나 호텔 등으로 사용되고 있다. 라나 일족의 지배는 인도로 망명했던 Tribuvan 국왕이 1951년 복권되면서 종료되었다.

영국과의 전쟁, 수가울리 조약

1810년 네팔과 영국은 인도 국경과 마주한 떠라이 지역을 둘러싼 분쟁으로 전쟁에 돌입했다. 처음에는 독특한 지리 때문에 영국군이 고전을 면치 못하는 듯했지만 결국 네팔이 무릎을 꿇었고 1816년 수가울리(Sugauli)에서 조약을 맺었다. 이 조약에 의해 네팔은 시킴, 꾸마온, 가르왈 및 떠라이 지역을 대부분 상실하고 동서의 길이가 오늘날과 같이 축소되었는데, 1857년 인도의 저항을 진압할 때 협력한 대가로 떠라이 지역은 되찾게 되어 오늘날의 국경선이 성립되었다.

네팔 산악 등반의 역사

1950년대 네팔이 산악 등반에 대한 문호를 개방하자 히말라야 등정의 황금기가 열렸다. 1953년 힐러리(Hillary)와 텐징(Tenzing)은 엘리자베스 2세 영국 여왕 대관식에 맞추어 에베레스트를 등정해 등반계의 신화가 되었다. 이후 1954년 초오유(Cho Oyu : 오스트리아인), 1955년 칸첸중가(Kanchenjunga : 미국인)와 마칼루(Makalu : 프랑스인), 1956년 로체(Lhotse : 스위스인)와 마나슬루(Manaslu : 일본인), 1960년 다울라기리(Dhaulagiri : 스위스인) 등이 8,000m 이상의 고봉들을 차례로 정복했다.

1970년대 이르러서는 안나푸르나 남벽과 에베레스트 남서쪽 코스 등 좀 더 기술적인 등반이 주종을 이루었으며, 이탈리아의 뛰어난 등반가 레이놀드 메스너(Reinhold Messner)는 1978년 최초의 에베레스트 무산소 등정과 1980년 최초의 북벽 코스 단독 등정을 비롯해 수차례의 기록을 남겼으며, 8,000m 이상 세계 최고봉 14좌를 모두 등반한 최초의 인물이기도 하다.

1990년대 들어서는 산악 등반이 점차 상업화되어 수많은 원정대가 막대한 등반 장비, 산소통, 쓰레기 등을 히말라야에 남겨 환경을 오염시켰으며, 등반 허가 수수료 등 산악 등반을 둘러싼 사업이 네팔에서는 중요한 돈벌이 수단이 되었다.

네팔 정치와 경제

세계를 놀라게 한 네팔 왕실 총기 사고

2001년 네팔 왕실에서는 세계를 놀라게 한 총기 사고가 발생한다. 2001년 6월 1일 네팔 국왕 비렌드라(Birendra)와 왕비 아이슈와라(Aishjwarya)를 비롯한 왕실 가족 10명이 왕궁의 한 모임에서 만취한 왕세자 디펜드라(Dipendra)가 난사한 총에 맞아 숨졌다. 디펜드라 왕세자는 마지막에 자신에게 총구를 겨누어 자살을 시도하는데, 현장에서 숨지지 않고 병원으로 후송되었다가 이틀 뒤에 사망하였다. 사건의 진짜 동기는 알려지지 않았지만 디펜드라 왕세자가 결혼하고 싶었던 여인을 부모가 반대해서 비롯되었다고 많은 이가 믿고 있다.

네팔인들은 왕이 힌두교 신 중에서 브라마 신, 시바 신 다음으로 존경하는 비슈누 신의 환생으로 믿었기 때문에 사건 발생 후 며칠 동안 충격과 비탄, 공포에 휩싸였으며 13일간의 국장이 선포되고 카트만두에 빈소가 마련되어 50만여 명의 네팔인들이 빈소를 찾았다.

마오이스트 반군과의 10년 내전

1990년 국왕의 절대 권력에 반대하고 민주화를 요구하는 목소리가 높아지는 분위기 속에서 공산당의 한 분파인 마오주의자들이 1996년 '인민전쟁'을 선포했다. 마오주의자들은 네팔인의 자주성 회복, 공교육 확충과 효율적인 정부 운영 등을 내용으로 하는 40개 조항의 요구사항을 제시했으며, 폭력 사태는 네팔 중서부 지역인 롤빠(Rolopa)에서 시작되어 악화일로로 치달았다.

초기 공산 반군은 구식 소총과 쿠꾸리(고르카족의 구부러진 칼)로만 무장했으나 곧 경찰서에서 탈취한 소총과 사제 폭탄, 자동 화기로 무장하게 되었다. 이들 반군들은 정치 권리

에서 소외된 하위 카스트 및 지방 빈민, 여성들을 중심으로 호응을 얻어 전성기에 공산 반
군은 정규군 15,000명, 민병대원이 50,000여 명에 달했디. 그러니 공신 빈군의 횔동은
교량 폭파, 저와서 차다, 도로 건설 중단 등으로 시골 지역의 비곤을 너욱 악화시켰으며,
개발을 위한 정부 지원이 설외되고 각종 원조 계획도 안선을 이유로 중난뇌게 만들었나.
2006년 11월 네팔 과도 정부와 공사 바구 사이에 평화협정이 체결되어 10년가 지속되어온
내전이 종식되었으나, 동 내전으로 인해 약 15,000여 명이 목숨을 잃거나 실종되었으며,
아직도 내전 기간 중 발생한 범죄 문제 처리 등 해결해야 할 많은 숙제를 남기게 되었다.

왕정을 폐지하고 연방공화국을 건설하다

2006년 11월 평화협정을 체결한 이후 네팔 정치는 급격한 변화를 맞이하게 되었다. 2008
년 4월 실시된 제헌의회 선거에서 공산 반군이 형성한 정당이 최대 다수당이 되었으며, 한
달 뒤 의회는 560대 4의 결과로 왕정을 폐지하고 연방공화정을 선포하였다. 이로써 240
년간의 왕족 통치가 종말을 맞게 되었다.

현재 네팔 정치가 당면한 과제는 새롭고 포괄적인 네팔 신헌법을 제정하는 일이다. 그동
안 네팔은 네와리, 바훈, 체뜨리 등 소수 상위 계급과 종족들이 지배했으며 네팔 전체에 대
한 대표성이 없었다. 소수 민족, 하위 계층, 여성들은 신헌법 제정을 통해 자신들의 입장을
대변하기 위해 노력하고 있다.

일자리를 찾아 조국을 떠나는 네팔인들

네팔은 2014년 현재 1인당 국민소득이 700달러에 불과한 최빈 개발도상국으로 농업 이외
에 산업이 발달하지 못한 상태이며, 전력 생산도 많이 부족해 건기에는 매일 16시간까지
도 단전이 이루어지는 상황이다.

이런 상황에서 국내에서 일자리를 구하지 못한 수많은 네팔 젊은이들이 해외로 나가 취업
하고 있다. 네팔 노동부의 비공식 통계에 따르면 2014년 말레이시아, 카타르, 사우디, 한국
등 외국에서 근로하는 네팔 노동자의 숫자는 200만 명이 넘는다.

열악한 해외의 근무 환경에서 일하다가 사망하거나 다치는 네팔 노동자의 숫자가 상당하
며, 하루 두세 명의 시신이 트리부반 국제공항을 통해 운구되어 들어온다고 한다.

네팔인들의 주식 달밧 떨까리

네팔인들의 주식은 '달밧'이라고 불리는 우리나라의 백반과 비슷한 음식이다. '밧'은 밥을,
'달'은 녹두 수프를 말한다. 찰기 없는 쌀로 지은 밥에 단백질과 미네랄이 풍부한 녹두로 만
든 수프를 곁들인다. 떨까리라는 채소(감자, 컬리플라워, 그린빈 등), 카레 볶음과 싹이라
는 푸른잎 채소 볶음, 그리고 우리네 장아찌 같은 어짤이 반찬으로 나오는데 네팔 사람들은
이것들을 모두 섞어 손으로 먹는다. 여기에 상황에 따라 맛수(고기 볶음)를 추가하여 먹기
도 한다. 또한 미들힐즈 지역에서는 로티라고 하는 팬케이크 모양의 두꺼운 빵도 주식으로
먹고, 더히(Dahi)는 요구르트로 쌀이나 채소, 달 등에 부어서 먹기도 한다.

힌두교에서 금지하는 음식은 쇠고기이다. 소는 가부장적인 유목민 사회에서 '부'의 상징
이자, '신성한 대지의 어머니'로 여겨지기 때문이다. 물론 힌두교도가 아닌 네팔인들은 쇠
고기를 먹기도 한다.

네팔의 카스트 제도

힌두교도가 국민의 대다수를 이루고 있는 네팔에서는 1963년 카스트 제도가 폐지되었음
에도 관습적으로 여전히 카스트가 존재하고 있다.

다음 생애에 좋은 카스트로 태어나기 위해서는 현재의 위치에서 의무를 다해야 한다는 힌
두 사상은 역대 왕조가 왕권 강화와 효율적인 국민 지배를 위해 힌두교를 적극 수용하게
된 계기가 되었다. 특히 1854년 장바하두르 라나가 힌두교와 카스트 제도를 법적으로 강
제하기 위한 카스트 법(Mulukiain)을 제정하고 동 법률을 위반한 경우 가혹한 처벌을 부
과하여 카스트 제도가 네팔 사회에 고착되었다. 네팔의 카스트 제도는 최상층 브라만과
왕족, 군인들을 의미하는 체트리, 상인·예술가를 의미하는 바이샤, 최하층 계급인 수드
라로 이루어진다.

최근에는 카스트 하위 계층 및 불가촉천민 등을 의미하는 '달릿(Dalit)'을 돕기 위한 국제
NGO들의 활동이 비교적 활발히 진행되고 있으나 네팔에서 하위 카스트 계급의 삶은 여
전히 고달프다.

네팔 사회와 문화

다양한 축제의 나라

다양한 종족과 인종이 어우러지는 네팔은 다양한 축제의 나라이다. 힌두교의 수많은 신들
을 위한 축제가 자주 열리며, 매월 크고 작은 축제가 한두 가지씩 개최된다. 특히 카트만두
를 중심으로 근접해 있는 박타푸르와 파탄은 끊임없이 축제가 이어진다.

살아있는 처녀 신 꾸마리

꾸마리(Kumari)는 살아있는 처녀 신을 말하며, 네팔은 아직도 살아있는 여신을 숭배하는
관습을 가지고 있다. 꾸마리와 관련된 전설은 여러 가지가 있지만 네팔을 통일시킨 Prithvi
Narayan Shah 왕 이후부터는 꾸마리를 두르가 신의 현신으로 믿기 시작했다. 꾸마리는
여러 가지 시험을 거친 후 간택되는데 네팔의 여러 종족 중 오직 네와르족이어야 하며, 관
례상 4세에서 12세 사이의 소녀 중에서 까만 눈동자와 머리카락, 이가 가지런하고 피부에
흠이 없어야 하며, 월경이 없어야 하는 등 32가지 신체 조건을 충족해야 한다. 두르가의 현
신이므로 물소의 목을 자를 때도 두려워하지 않아야 하며 신전에서 혼자 밤을 지샐 수 있
을 만큼 담대해야 한다. 마지막으로는 달라이 라마를 선출할 때와 비슷하게 지원자는 선임
꾸마리가 입었던 의류와 장신구를 골라내야 한다. 이렇게 선발된 꾸마리는 가족과 함께 꾸
마리 사원에 머물며 1년에 여섯 번 공식 행사에 모습을 드러낸다. 9월 인드라 자트라 축제
가 열리면 3일 동안 꾸마리는 커다란 사원 수레를 타고 도시를 순회한다. 수백 년간 꾸마
리가 국왕을 축복해주었으나 오늘날에는 대통령을 축복한다.

네팔 최대의 축제 더샤인(Dashain)

우리나라 추석과 같은 느낌을 가지게 하는 네팔
최대의 축제인 더샤인은 두르가 여신이 악령을
물리치고 거둔 승리를 기념하는 축제로 15일간
계속된다. 축제의 첫째 날에는 각 가정마다 성
스러운 항아리가 준비되고 정성스럽게 보리 씨
앗을 심는다. 여덟째 날(Maha Astami)에는 전
국적으로 수천 마리의 동물이 두르가 여신에게
제물로 바쳐지며, 열째 날(Bijaya Dashami)에
는 가족들이 서로를 방문하고 부모들은 자녀의
이마에 붉은 티카를 새겨준다. 또한 더샤인 기
간에는 동네마다 엄청나게 긴 대나무들을 연결
하여 만든 그네를 타는 사람들과 연을 날리는 모
습도 볼 수 있다.

빛의 축제 띠하르

10월 말이나 11월 초에 열리는 띠하르(Deep-
awali 또는 Diwali라고도 불림)는 네팔에서는
더샤인 다음으로 중요하게 여겨진다. 이 축제
는 밤에 불을 대낮처럼 환하게 밝혀 부의 신으
로 알려진 락스미(Laxmi) 신을 집 안으로 들어
오게 하는 데 있다. 네팔인들은 락스미 신이 집
안에 들어오면서 부를 가져온다고 믿고 있기 때
문에 띠하르 축제 기간 중 집 안은 물론이고 집
밖에도 촛불을 일렬로 수없이 켜놓는다. 또한 락
스미 신은 더럽고 어두운 곳을 싫어하기 때문에
이 축제 기간에는 새벽부터 집 안 구석구석을 털
고 청소를 한다.

띠하르 축제 기간은 5일간으로 첫째 날은 까마귀
의 날이다. 네팔 사람들은 까마귀를 희소식을 전
해주는 날짐승으로 인식하고 있다. 아침부터 길
가에는 까마귀에게 주기 위한 밥이나 기타 음식
물들을 담은 나뭇잎이 놓여진다. 둘째 날은 개
의 날로 개는 사람과 가장 친하게 지내는 동물
이기 때문에 개에게 꽃목걸이를 해주며 네팔인
들이 하는 티카를 머리 부위에 해준다. 셋째 날
은 소의 날인데 소는 힌두교에서 신으로 추앙받
는 동물이며 이날은 띠하르 축제 중 가장 중요한
날이다. 집 안에서 키우는 소든 주인이 없는 소

든 상관없이 소에게도 꽃목걸이를 해주며 머리
에 티카를 해준다.

인드라 자트라(Indra Jatra)

인드라 자트라 축제는 카트만두와 박타푸르의
네와르족에게 가장 존경받는 인드라 자트라 신
을 기리기 위한 축제이다. 역사적으로도 의미 있
는 축제인데 1768년 Prithvi Narayan Shah 왕
이 카트만두 계곡 지대를 정복한 위업을 기념하
는 날이며 우기의 끝을 알리는 날이기도 하다.
살아있는 여신 꾸마리는 이 축제를 위하여 기거
하던 꾸마리 사원에서 나와 축제를 위해 제작된
마차를 타고 카트만두 광장에 있는 바이럽(시바
신의 형상 중 하나) 상을 향해 절을 올린 후 3
일 동안 카트만두 주변을 행진한다. 축제의 마
지막 날엔 대통령을 비롯해 많은 사람들에게 띠
까를 해준다.

부처님 탄생지 룸비니

히말라야의 나라로 일러진 네팔은 부처님 탄생지인 룸비니도도 유명하다. 룸비니는 네팔
남부 떠라이 지역에 위치하고 있는데 기원전 623년 부다가 태어나 이곳을 기원전 249년
인도 아쇼카 왕이 방문하여 훗에다 신성한 지역이라고 표식을 남겼다. 석가모니의 탄생 상
면을 묘사한 부조를 모시고 있는 마야데비(Mayadevi) 사원은 11세기에 지어져서 1943년
에 재건되었다. 그리고 이 사원 남쪽에는 싯다르타 연못 혹은 푸스카르니(Puskarni) 연못
이라 불리는 곳이 있는데, 마야부인이 석가모니를 낳기 전 목욕을 하고 갓 태어난 석가모
니를 목욕시켰다고 알려진 성스러운 곳이다. 이렇게 석가모니의 탄생과 관련된 유적들이
곳곳에 자리한 룸비니는 1997년 유네스코에 의해 세계문화유산으로 지정되었으며, 우리
나라의 대성 석가사를 비롯하여 각국의 사찰이 모여 있다.

신에게 받는 축복 티카와 뿌자

힌두교 신자들은 남녀노소 구별 없이 이마 중앙에 점을 찍는데 '신에게 받는 축복의 표시'
라는 의미이다. 이것은 축복인 동시에 우리 모두에게 내재된 신성함을 나타낸다. 또 두르
가 여신이 악을 물리친 것을 기념하는 더샤인 축제에서도 티카를 찍는 일이 중요한 의식으
로 자리 잡았다. 시바 신의 그림을 살펴보면 이마 중앙에 제3의 눈이 찍혀 있음을 알 수 있
는데 이 눈은 모든 것을 볼 수 있으며, 베다 경전을 통달하여 모든 걸 알 수 있음을 나타낸
다. 이 티카는 이 제3의 눈을 상징하는 것이다. 또한 여성들은 티카를 장신구처럼 이용하기
도 한다. 상점이나 시장에서는 온갖 색깔과 디자인의 티카를 판매한다.
뿌자(Puja)는 각 신전에 있는 신들에게 공물을 바치고 기도를 올리는 의식이다. 네팔 어디
에서나 아침 일찍 여성들이 접시를 들고 거리를 지나는 모습을 볼 수 있다. 보통 구리 접시
에 여러 먹을거리가 담겼는데 꽃잎, 쌀, 요구르트, 과일 등을 담은 접시를 신에게 바치고 정
해진 절차에 따라 사원의 신 위에 뿌려진다. 그런 뒤 예물을 바쳤음을 알리는 종을 울린다.

네팔과 우리나라

한국 산악인들의 히말라야 도전

1970년대부터 한국 등반인들의 히말라야 원정이 본격화되기 시작했는데, 1977년 산악인 고상돈이 한국인 최초로 에베레스트 정상을 정복했다. 그 후 1982년 허호 대장의 마칼루 등정, 14좌와 위성봉 두 곳을 등정한 엄홍길 대장 등이 세계 최고봉 도전에 성공했다. 2011년 안나푸르나 남벽 등반 도중 사망한 박석 대장은 14좌 완등, 7대륙 최고봉 완등, 3극점 도보 탐험 등을 일컫는 산악 그랜드슬램을 달성했다. 네팔 카트만두 근교 카카니에는 박석 대장의 업적을 기리는 기념비가 있다.

네팔에 따뜻한 손길을

한국국제협력단(KOICA)을 비롯하여 한국의 많은 NGO 단체들이 네팔에 와서 도움의 손길을 펼치고 있다. KOICA는 1991년부터 네팔에 대한 지원을 시작하여 1995년 주네팔 KOICA 사무소를 설치하였으며 보건, 기술훈련, 농업 등 다양한 분야에서 네팔 원조 사업을 시행하고 있다. 특히 KOICA 봉사단원이 네팔 전역에서 활동하고 있는데 이들의 활동은 네팔인들이 한국에 대해 갖는 이미지를 높이는 데 크게 기여하고 있다.

KOICA 이외에도 굿네이버스, 다일복지재단, 세이브더칠드런, 서비스포피스, 지구촌공생회, 한국 헤비타트 등 다양한 NGO들이 네팔에서 활동 중이며, 이러한 NGO들을 통해서 많은 봉사자들이 네팔 사람들을 돕기 위해 네팔을 방문하고 있다.

네팔 속 한류 찾기

네팔은 내륙 국가로 인도의 캘커타 항구를 통해 거의 모든 물자가 수출입되는 바 인도가 정치 · 경제 · 사회 모든 면에서 강력한 영향력을 행사하고 있다. 문화적으로도 힌두 문화를 공유하고 언어적으로도 비슷한 인도의 영향 아래 있으며 인도 영화 · TV 드라마 등이 네팔에서 큰 인기를 끌고 있다.

최근에는 네팔 젊은이들을 중심으로 한국 드라마, 가요, 영화 등이 인기를 끌고 있으며 네팔 시내 상점 어디에서든 한국 드라마 DVD 등을 쉽게 구입할 수 있다. 또한 삼성 핸드폰, 현대 · 기아자동차 상품 등을 통해 한국이 1951~1960년대에는 네팔과 비슷한 경제 수준이었으나 새마을운동 등 효과적인 경제 정책을 통해 급속한 경제 발전을 이룩한 나라라는 인식을 갖고 있다. 고용허가제(EPS) 시행으로 인해 한국어 공부에 대한 열풍이 일어나고 있어 카트만두 시내에서 한국어 학원 간판을 쉽게 찾아볼 수 있다.

<참고문헌>
론리플래닛네팔2012 / 나마스떼네팔, 정용관 / Curious Nepal, 존버뱅크 / Culture Smant Nepal, Tessa Feller 등
※이 글(정보)의 사용은 「외교부 남아시아태평양국 서남아태평양과」 및 「주네팔 대한민국 대사관」의 허락을 받았음

○ 오래전, 네팔인들은 "감사합니다"라는 표현을 사용하지 않았지만 근래에는 "단아밧(Dhanyabad)"이라는 말로 감사를 표시하나, 늙은 네와리들은 "심 신찔아시군요"라는 의미의 "마하다이(Mahadaya)"라는 말을 자주 사용한다.

○ 네와리들은 "나라야나(Narayana)"라는 인사말을 서로에게 건네는데, 나라야나는 힌두 신 중 하나이다. 불교도들은 "나는 세 개의 보석들로 피합니다"라는 의미의 "트리 라트나 샤라나(Tri Ratna Sharana)"라고 인사한다. 붓다의 가르침과 그의 제자들 간의 우애가 세 개의 보석이라 불리기 때문이다.

○ 매우 중요한 사람에게는 다섯 명의 처녀들이 화환을 들고 그들의 도착을 환영한다. 그 처녀들은 행운을 볼 줄 안다고 여겨지는 힌두 신화의 유명한 다섯 여인들(Ahalya, Draupadi, Tara, Kunti, Mandodari)을 상징한다.

○ 셰르파족(Sherpas)들 사이에서는 라마승이나 다른 누군가를 방문할 때, 경의를 표하기 위해 카타(Khata)라 불리는 흰색 스카프를 선물하는 관습이 있다. 누군가와 이별할 때에 카타를 선물하기도 한다.

○ 브라만들은 일반적으로 할아버지라는 의미의 바제(Baje)라 불리며, 그의 부인은 바제이(Bajei), 할머니라 불린다. 또한 브라만들에게 경의를 표하기 위해 사람들은 머리를 낮추며, 브라만은 오른손을 그의 머리에 얹으면서 축복한다.
우리나라의 옛 관습은 오랜만에 만난 어른에게는 절을 했다. 절 자체의 특수성이 돋보이는 부분이다. 펄벅 여사는 절이야말로 세상에 존재하는 모든 인사법 중에 가장 완벽한 것이라고 극찬했다. 나는 어른에게 절을 해도 될 분위기에서는 지금도 절하기를 실천하고 있다.

○ 경의를 표하는 다른 여러 방법들이 있다. 나이가 많은 남자에게는 다주(Daju), 그리고 여자에게는 디디(Didi)라고 부른다.

○ 매일 아침 식사 전 부인은 남편과 시어머니의 발을 손으로 만진다. 가족의 다른 어른들에게 부인은 그녀의 머리를 조아리며 "인사드립니다"라고 말한다. 그러면 그들은 그녀에게 "그래 알았어"라고 말한다.

○ 가족 구성원 중 아랫사람들은 윗사람들에게 아침마다, 그리고 마주쳤을 때는 언제라도 곰을 숙여 인사해야 한다. 하지만 가족 중 처녀는 그녀의 부모님을 포함해 그 누구의 발에 머리를 대서는 안 된다.

○ 부인이 우연히 남편과 시어머니를 발로 치게 되었을 때 그녀는 즉시 몸을 숙이고 남편과 시어머니의 발에 자신의 머리를 대야 한다.

○ 웃어른을 넘어 다니는 것은 사회적으로 불경 내지 죄로 여기는데, 실제로는 그 누구든 넘어 다니는 것은 불경한 것으로 여겨진다. 또한 발로 사람을 쳐서는 안 된다. 만약 실수로 사람을 발로 치게 되었을 때는 즉시 상대방의 머리에 자신의 머리를 대며 사과해야 한다. 그와 동시에 "나라야나(Narayana)" 혹은 "비슈누(Bishnu)"라고 말해야 하는데, 이 말들은 상대방이 신처럼 신성하다는 것을 의미한다.
우리나라도 웃어른의 발이나 머리를 넘어 다니는 것을 무례한 행동으로 여긴다. 심한 경우 가정교육도 제대로 받지 않은 '상놈'으로 치부한다. 특히 옛 어른들은 머리 위에 그 사람의 영혼이 있다고 생각하며 잠잘 때도 머리맡에는 아무것도 두지 않는다. 또한 어른들 앞에서 맞담배를 피우거나 다리를 꼬고 앉는 것, 자세가 불량한 것은 버릇이 없다고 생각하는 면이 있다.

○ 많은 네팔 집에는 한 층의 계단 위에 다른 한 개가 겹쳐져 있다. 때문에 계단을 오를 때 다른 사람의 머리 위로 걸어가는 것을 피하기 위해 "비키세요"라는 의미의 "빈하비(Binhabi)"라고 크게 외친다. 계단을 내려갈 때도 다른 사람이 올라오는 것을 경고하기 위해 같은 말을 외친다.

○ 새로 태어난 아기를 만나기 위해 방문할 때는 루피나 몇 개의 동전을 아기에게 선물하며 인사해야 한다.

○ 신전이나 사당을 돌 때에는 시계 방향으로 돌아야 한다.

○ 램프를 끌 때 숨을 불어서 끄면 안 되는데 이는 빛에게 수치스러운 행동이다. 어떤 사람들은 불에 경의를 표하기 위해 저녁에 두 손바닥으로 불을 감싸기도 한다. 담뱃불 또한 램프의 불로 곧장 붙이면 안 된다.

○ 신발 밑바닥이 보이도록 신발을 뒤집어놓으면 안 된다. 또한 신

발을 한 짝만 신고서 여섯 발 이상을 걸으면 안 된다. 방 안에 있는 찬장의 대들보를 침대에 교차하는 방향으로 놓아둔 채 잠들면 안 된다. 셰르파족들은 머리를 남쪽이나 문의 방향으로 두고 잠자지 않는다.

○ 문을 가로질러서 어떤 것도 받아선 안 된다. 문지방이나 처마 밑, 계단에서는 물을 마셔선 안 된다. 또한 처마 밑에서는 목욕을 해도 안 된다.

○ 집 안에서, 특히 셰르파족의 집 안에서는 휘파람을 불어선 안 된다. 도둑들만 휘파람을 분다. 여성은 휘파람을 불지 않는다.

○ 남편이 살아있는 부인은 언제나 유리 팔찌(쭈로)를 착용하고 있어야 한다. 그녀는 팔목에서 팔찌를 부러뜨려선 안 되는데, 그것은 그녀의 남편이 죽은 뒤에만 가능한 행동이다.

○ 소녀는 아침에 머리를 빗어야 한다. 만약 낮에 머리를 빗으면 그녀는 게을러지며, 만약 저녁에 머리를 빗으면 그녀는 창녀가 된다. 또한 일어서서 머리를 빗어서는 안 된다.

○ 해가 진 이후에는 집을 청소하거나 먼지, 쓰레기를 버려선 안 된다. 셰르파족들도 비슷한 신조를 갖고 있는데, 저녁에는 소금과 지(Ghee, 정제된 버터)를 집에서 들고 나가선 안 된다.

○ 일요일에는 누군가를 조롱해선 안 된다. 만약 그렇게 행동하지 않으면 부끄러움을 당할 것이다. 결혼한 여성은 일요일에 목욕하거나 빨래를 해서는 안 된다. 셰르파족들은 일요일에 돈을 빌려주지 않는다.

○ 월요일은 옷을 사거나 새로운 옷을 입으면 안 되는 날이다. 셰르파족들은 월요일에 지(Ghee)를 팔지 않는다.

○ 화요일에 사람을 부르는 것, 특히 처음 부르는 것은 좋지 않은 일이다. 결혼한 여성은 화요일에 그녀의 부모를 방문해선 안 된다. 만약 그녀가 부모와 함께 있는 중이라면 화요일엔 남편에게 가선 안 된다.

○ 결혼한 여성이 목요일에 목욕을 하는 것은 매우 안 좋은 일인데, 그녀는 남편을 잃게 될 것이기 때문이다. 또한 목요일은 결혼한 여성이 부모의 집에서 밤을 지내기에 좋지 않은 날이다.

○ 토요일에는 철로 만든 어떤 것이라도 집 안으로 들여와서는 안 되는데, 그것은 가족끼리 갈등을 일으킬 수 있기 때문이다. 이날 결혼한 여성은 마스(Mas, 검은콩)를 갈아선 안 되며, 자신이 요리하기 전에 다른 사람에게 부탁해야 한다. 부인이 목욕을 하기 위해선 남편의 허락이 필요하다. 또한 부모의 집에서 밤을 지낼 수 없다. 네팔에서 토요일은 공식적으로 휴일이다. 일요일은 한 주를 시작하는 날이다.

○ 네팔력 달의 마지막 날에 결혼한 여성은 그녀의 부모 집에서 밤을 지내선 안 되며, 어머니의 날이나 아버지의 날에도 마찬가지이다. 그녀는 티하르(Tihar) 축제 밤 내내 이디에도 갈 수 없다. 반면 결혼한 여성, 특히 아이가 없다면 그녀는 네팔력의 열 번째 달(Magh) 달 밝은 2주의 첫 번째 날에 남편의 집에서 식사를 할 수 없다. 그날 그녀는 부모의 집에서 식사를 해야 한다.

○ 매달 첫 번째 날, 밝고 어두운 2주의 여덟 번째 날, 열한 번째 날, 그리고 어두운 2주와 보름달이 뜬 날에는 빨래를 해선 안 된다.

<주> 네팔인들은 언제나 두 개의 달력을 사용한다. 공식적인 달력으로 알려진 Bikram Era는 양력이다. 2073년은 2016년 4월 14일부터 2017년 4월 13일까지이다. 달에는 Baisahk, Jyestha, Ashad, Shrawan, Bhadra, Aswin, Kartic, Marga, Poush, Magh, Falgun, Chaitra가 있다. 종교 행사, 결혼, 제사와 다른 여러 휴일에는 음력 달력이 사용되며, 밝은 2주와 어두운 2주로 구성되어 있다.

○ 여행을 떠나기 전에는 점술가에게 출발하기 적당한 시간을 묻는 관습이 있다. 여행자는 무사한 여정을 위해 한 벌의 옷에 쌀, 빈랑나무 열매, 그리고 동전 한 개를 넣는다. 만약 피할 수 없는 이유로 출발하지 못하게 된다면 이 꾸러미들은 점술가가 정해주는 길일에 집 밖으로 내보내진다. 혹은 여행자는 점술가가 정해준 시간에 집을 떠난 뒤 여정을 떠나기 전에 친구의 집에서 묵어도 된다. 출발 전 가족들은 여행자에게 행운을 빌어주기 위한 간단한 의식을 치르며, 여행자는 삶은 달걀, 마른 물고기와 고기, 포도주나 응유를 받게 된다. 친척과 친구들은 여행자를 배웅하기 위해 꽃, 향신료, 그리고 오렌지, 바나나, 코코넛과 같은 과일들을 가져온다.

○ 여행자가 십을 떠날 무렵에는 물을 가득 채운 두 개의 주전자를 출입구의 양쪽에 놓아둔다. 여행자는 문을 나서면서 주전자에 동전 몇 개를 떨어뜨린다. 만약 집을 나서면서 빈 주전자를 보게 되는 것은 불길한 징조이나. 까마귀 울음소리를 듣는 것, 창문이나 임신한 여성을 보게 되는 것 또한 불길하다.

○ 정오나 해 질 무렵에 집을 나서는 것은 좋지 않다. 만약 집을 나서려 할 때 누군가가 재채기를 한다면 그 장소에서 몇 분가량을 기다려야 한다. 길을 걷다가 발을 헛디뎌 비틀거리게 되었을 때에는 가족 중 누군가가 갑자기 당신을 생각했기 때문이다.

○ 셰르파족은 가족 중 누군가가 떠나 있는 동안 그가 돌아올 때까지 소금이나 쌀을 접시 위에 올려놓는다.

○ 여행자는 8박 9일이 지난 후에는 집에 돌아와선 안 된다. 만약 꼭 돌아와야 한다면 별이 뜬 다음에야 돌아올 수 있다.

○ 브라만들은 아침식사 전에 반드시 목욕을 한다.

○ 매일 아침 주부의 첫 번째 의무는 집의 가장 낮은 층부터 높은 층까지 올라가며 청소를 하는 것이다. 높은 층에서 내려오며 청소를 해선 안 되는데, 이는 집 안에서 초상이 났을 때에만 행하는 것이다. 그다음, 그녀는 냄비와 주전자의 물을 비우고 새로 물을 채워 넣는다. 놋쇠 제품들을 청소하기 위해서는 재를 사용하는데, 비누는 불결하다고 여겨지기 때문이다. 그리고 이 때 그녀는 세면을 한다.

○ 물은 매일 아침 새로 길어와야 하는데 하룻밤이 지난 물은 마시거나 요리하기에 부적당하기 때문이다.

○ 의식이나 축제가 있을 때는 집 안의 모든 진흙 바닥을 소 배설물과 적토를 섞은 것으로 씻어낸다. 떠라이(Tarai) 지역의 타루(Tharus) 부족은 이것을 매일 한다.

○ 브라만이 음식을 만들기 위해 브라만 계층 중 남자는 그들의 도티(Dhoti, 모자)를 바꾸고 여자는 앉았을 때 블라우스를 벗는다.

○ 여자들이 월경을 하는 시기엔 매우 불경하게 생각되어진다. 그녀는 집 안의 어떠한 사람과도 신체적 접촉을 해서는 안 된다. 그녀는 혼자서 잠을 자야만 한다. 그녀는 가족을 위해 음식을 해서도, 부엌에 가서도 안 된다. 그녀는 신전에 가거나 나무나 꽃을 만져서도 안 된다. 월경이 끝났을 때 씻고 옷을 갈아입이야만 집 안의 일상생활로 돌아갈 수 있다.

○ 사람이 죽었을 땐 오염이 여러 형태와 정도로 발생한다. 그래서 단식, 목욕, 불꽃 제물, 제사장에게 선물을 주는 등의 다양한 정결 의식을 치러야 한다. 의식적 목욕을 할 때 오일 케이크 조각을 비누 대신 사용한다. 부모가 돌아가신 후에는 깨끗한 백의를 일 년 내내 입어야 한다. 애도 기간에는 가죽을 사용해서는 안 된다. 과부는 남은 생애 동안 빨간 옷을 입지 않는다.

○ 남자는 아침식사를 하기 전에 신들과 조상들에게 음식으로 제물을 드려야 한다. 음식이 타인의 눈에 보여서는 안 되며, 타인이 있는 곳에서 먹어서도 안 된다. 왜냐하면 음식을 볼 때 타인이 그 음식에 소원을 빌 수 있기 때문이며, 그렇게 되면 그 음식을 먹는 사람은 영양을 얻을 수 없을 뿐만 아니라 아프게 될 수도 있기 때문이다.

○ 우유를 고기나 물고기와 같이 먹어선 안 된다. 빵나무와 빈랑나무 열매 또한 함께 먹어선 안 되는 음식이다.

○ 상한 후추 잎을 먹으면 안 된다. 여성은 시큼해진 우유를 마셔도 되지만, 남성은 안 된다. 밸(Bael) 열매는 과부만 먹을 수 있다.

○ 처마 밑에서는 요리를 해선 안 된다. 화로는 남향으로 만들어져선 안 되는데, 초상이 난 후 일곱째 날에만 남쪽을 향해서 요리하기 때문이다. 화로는 동향이나 서향으로 위치해야 한다.

○ 셰르파족의 주부가 옥수수 요리를 젓다가 나무 주걱을 부러뜨리게 된다면 다른 사람들은 그 요리를 먹을 수 있어도 그녀는 음식을 먹어선 안 된다. 셰르파족들은 불타는 석탄 위에 고기를 굽지 않으며 고기가 들어있는 국물을 불에 붓지 않는다.

○ 염소 우유는 다른 동물의 우유보다 좋은 것으로 여겨진다. 하지만 염소는 우유를 많이 내지 않으므로 네팔 사람들은 고기 때문에 염소를 키운다.

○ 힌두교도들에게 소고기는 금지되어 있다. 하지만 구두장이가

일을 하는 사르키스(Sarkis)들에게만은 예외이다. 불교도들도 소고기를 먹지 않는다. 어떤 사람들은 도살된 동물을 전혀 가까이 하지 않으려 하지만, 그럼에도 불구하고 고기를 먹는다. 동물의 암컷은 식용 고기로 먹지 않는다.

○ 브라만, 체트리, 말갈스들은 물소 고기를 먹지 않지만 물소 우유는 마신다. 브라만들은 닭고기, 오리고기 또한 먹지 않는다. 돼지고기는 많은 사람이 먹지 않는 고기이다. 어떤 사람들에게는 야생곰이 별미이지만 다른 사람들은 그것을 만지지도 않으려 한다.

○ 네와르족 불교도들의 일부는 닭고기는 먹지 않지만 오리고기는 먹는다. 부처가 발가락에 상처를 입어 감염된 적이 있었는데, 암탉한 마리가 그 상처에서 구더기를 쪼아내자 그 상처가 나았다고 한다. 부처에게 도움을 준 것에 감사하기 위해 그의 제자들이 모든 닭의 목숨을 살려주기로 한 것이다.

○ 브라만과 체트리는 술을 마시지 않는다. 또한 브라만들은 부추, 양파, 버섯 혹은 토마토를 먹어선 안 된다. 종교적인 셰르파족 남성은 부추를 먹지 않으며 부추는 그들의 검바(Gumba)나 사원에 갖고 들어가서도 안 된다.

○ 결혼하지 않은 브라만 소녀는 가족들을 위해 요리하지 않는다.

○ 모친상 이후 한 해에 걸친 애도 기간 동안에는 우유를 마셔선 안 되며, 부친상 이후의 애도 기간 동안에는 응유(Curdled Milk, 凝乳. 탈지유를 락트 발효, 응유 효소의 작용 등으로 커드를 형성시킨 것)를 먹어선 안 된다.

○ 네팔력의 세 번째 달인 Ashad에는 보통 우유를 마시지 않는다.

○ 식사할 때에는 남쪽이나 북쪽을 향하지 않는 사람들이 있다. 그들은 장례식을 거행할 때에만 남향으로 식사를 한다.

○ 입술이나 혀에 닿은 음식, 침이 묻은 음식은 주토(Jutho), 혹은 오염된 음식이다. 그런 음식이 누군가에게 제공된다면 그것은 그 음식을 받는 사람을 욕보이는 일이다. 그런 음식이 담겼던 접시는 완전하게 씻긴 뒤에야 다시 사용할 수 있다. 또한 가족 중 아랫사람들만이 주토(Jutho) 음식을 먹을 수 있다. 고대 성문법 책은 모든 카스트 중에 가장 낮은 불가촉천민들이 주토 음식을 먹는

것으로 설명했다.

○ 어떤 이들은 다진 쌀과 응유를 섞은 요리를 주토로 여기는데, 특히 따라이(Tarai) 지역에서 그러하다. 브라만들은 완두콩이 섞인 모든 요리를 주토로 여긴다.

○ 남편은 아내에 의해 오염된 음식을 먹어선 안 되지만, 아내가 남편이 남긴 밥을 먹는 것은 특별한 특권으로 여겨진다.

○ 누군가 사용했던 컵을 다른 사람이 다시 사용하기 위해서는 물로 깨끗이 헹궈야 한다. 많은 사람들은 주전자에 입술을 대지 않은 채로 물을 마신다.

○ 요리된 쌀과 콩류는 가족이 아닌 다른 사람들이 만져선 안 되는데, 그것 또한 음식을 오염시키기 때문이다. 요리된 쌀, 혹은 요리에 사용되었던 솥을 만지기 전후에는 손을 씻어야 한다. 하지만 쌀을 지(Ghee)와 함께 요리했을 때에는 오염의 위험에서 자유로우며, 우유와 증기로 요리한 쌀도 마찬가지이다. 많은 네팔 가정에서는 요리사 외에 누구도 주방에 들어갈 수 없다. 식사할 때에는 신발을 신고 있어선 안 되며, 가죽 제품들은 식당과 주방에 들어올 수 없다.

<주> 대부분의 네팔인들은 보통 하루에 두 끼를 먹는다. 오전 중간에 한 끼를 먹고, 이른 저녁에 남은 한 끼를 먹는다. 그사이에는 간단한 간식을 먹는다.

○ 아이를 사산한 여인은 같은 일이 되풀이되는 것을 막기 위해 네팔력 첫째 달의 보름달에 바네파(Banepa) 개울에 가서 목욕을 해야 한다.

○ 모든 사람들은 모반으로 작은 점을 갖고 있다고 여겨진다. 모반은 임신 중인 어머니가 월식 때 자신의 몸을 만졌기 때문에 생긴 것이다. 따라서 월식이 진행되는 동안 임신 중인 여인은 얼굴을 만지지 않도록 조심해야 하는데, 얼굴을 만지면 아기의 얼굴에 모반이 생기기 때문이다.

○ 임신 중인 여인은 장례와 관련된 행사에 참여해선 안 된다. 그녀가 카트만두의 Guheswari 사원을 방문하거나 파탄의 마첸드라낫(Machhendranath) 전차를 보게 되면 사산하게 될 것이다. 또

한 아픈 사람을 방문해서도 안 된다.

○ 임신한 여인의 남편은 물소, 염소, 혹은 다른 어떤 동물을 매단 빗줄을 넘어선 안 된다. 그로 인해 아내의 출산이 힘들 수 있기 때문이다. 만약 남편이 그런 행동을 한 것이 아닌가 의심된다면 그 빗줄로 동물을 감은 뒤 칼로 잘라야 한다. 또한 임신한 여인의 남편은 죽은 사람의 몸을 만져선 안 된다.

○ 쌀, 빈랑나무 열매, 그리고 동전을 점토 냄비에 넣고 다섯 개의 심지 불과 함께 나라야나(Narayana) 신에게 바치면 출산의 고통이 줄어든다. 또한 신의 형상에 기름을 붓기도 한다. 만일 그 기름이 형상의 오른쪽으로 흐르면 아들이 태어날 것이며, 왼쪽으로 흐르면 딸이 태어날 것이다.

○ 만일 출산할 때 태반이 잘 나오지 않으면 남편의 신발을 아내의 뒤쪽에 놓아야 한다.

○ 출산 후 여성은 특별하게 돌봄을 받는다. 한 달 동안 하루에 세 번, 그녀는 쌀과 당밀, 지(Ghee)를 먹으며 겨자 기름으로 마사지를 받는다. 한 달 후 그녀는 부모의 집에 가서 같은 방법으로 한 달 동안 돌봄을 받는다. 또한 기름 마사지는 몇 달간 더 받는다.

○ 살아남은 아기가 없는 가정에서는 새 아기가 태어나자마자 집의 하수도로 아기를 데려가 아기의 어머니가 아닌 다른 여인이 아기를 즉시 데려가게 한다. 아기의 친모는 그녀에게 선물을 주고 자신의 아기를 받아온다. 다른 방법으로 자녀가 살아있는 여인에게 아기를 넘기기도 한다. 하지만 많은 여인들은 자신의 아기가 죽을까 봐 이 일에 자원하지 않는다. 또한 아기를 다른 가정에 넘기고 그 곳에서 자라게 하기도 한다. 아이를 다른 가정이 키우는 기간은 점술가가 결정하는데 몇 달에서 몇 년까지 길어지기도 한다.

○ 아들이 살아남지 못하는 집에서는 다음 아들이 태어나면 아기의 오른쪽 귀를 뚫어 귀걸이를 걸어준다.

○ 자녀가 너무 많은 집의 부모는 한 명의 아이를 포기하고 그 아이를 입양하길 원하는 집에 주어야 한다. 아이가 태어나면 양부모는 아기 친모에게 선물을 주고 아기를 데려온다.

○ 다른 사람이 보는 앞에서 젖을 먹이면 아기가 아플 수 있다. 자는 아기에게 옷을 덮어주지 않은 채로 내버려두면 안 된다. 아기가 태

어난 지 한 달이 되면 귀를 뚫고 구멍이 막히지 않도록 실을 걸어두어야 한다. 브라만과 체트리 소녀들에게는 코를 뚫는 것이 관습이다.

○ 보이지 않는 위험에서 아기를 보호하기 위해서 아기의 베개 아래에 칼을 넣어두곤 한다. 마녀가 아기를 계속 울게 만들 수 있는데 아기를 보호하기 위해서 어부의 그물을 한 조각 잘라 아기 옷에 달아둔다. 어머니가 아기를 데리고 나갈 때에는 손가락에 침을 발라 석신 나름 그 손가락으로 발바닥을 문질러야 한다. 그 후 아이의 이마에 손가락을 덴 다음 발바닥의 먼지로 티카(Tika)를 찍어주어야 한다. 그런 과정을 거쳐 아이는 사악한 눈으로부터 보호를 받을 수 있다.

○ 임신한 여성이나 출산한 지 얼마 지나지 않은 여성은 다른 아이를 만져선 안 된다. 종종 그들의 그림자만으로도 아기가 계속 울게 만들 수 있다. 아기가 계속 우는 것을 막기 위해선 까마귀가 하늘을 가르기 전에, 즉 이른 아침에 수도꼭지에서 물을 가져다가 아이의 옷을 벗기지 않은 상태에서 물을 아이에게 부어야 한다. 이것은 주일날부터 시작해서 아이기 울음을 멈출 때까지 계속한다. 또한 아이는 신전의 성스러운 물이나 응유를 섞은 물로 목욕을 하기도 한다.

○ 만약 아이가 제때 말하는 것을 배우지 못하면, 그는 가네쉬(Ga-nesh) 신전 세 군데 중 한 곳에 가야 한다. 신전들은 하누만 도카(Hanuman Dhoka) 근처, 카트만두의 스웸브 언덕(Swayam-bhu Hill), 박타푸르(Bhaktapur)에 있다. 신에게 두 개의 달콤한 고기 완자를 바치며, 그중 한 개는 다시 가져다가 아기에게 먹인다. 만일 아이에게 주어야 할 장신구가 주어지지 않았다면, 아이가 말하거나 걷는 것을 잘하지 못한다.

○ 아이가 걷는 것을 돕기 위해 아기의 아버지는 겨자 기름으로 아이의 다리를 마사지해줄 수 있다.

○ 만약 아이가 두려움으로 인해 설사를 하게 되면 일주일 동안 이른 아침에 물을 뿌려서 치료할 수 있다. 물을 가져올 동안에 아이는 누구도 만져선 안 된다. 이런 병을 치료하기 위해서 아이의 머리와 손톱 조각을 천으로 싸서 목에 걸어주기도 한다.

○ 과일과 꽃은 훔쳐갈 수 있다. 하지만 호박을 훔쳐가는 사람에게는 종기가 날 것이다.

○ 나무에 달린 과일을 손가락으로 가리키면 그 과일이 상하게 된다.

○ 보리수는 신성한 나무로서 나라야나(Narayana) 신으로 숭상받으며, 브라만 계층만이 보리수나무를 뽑을 수 있다. 대부분의 네팔 산에 있는 모든 길에는 쵸우타라(Chautara)라고 알려져 있는 플랫폼(나무 밑 주위에 둥글게 만든 자리)이 만들어져 있으며 보리수와 나무가 여행객들이 쉴 그늘을 제공하기 위해 심어져 있다. 이 플랫폼은 여행객을 위한 것일 뿐만 아니라 두 나무의 신성한 결혼을 의미하기도 한다. 보리수는 또한 쿠마리 여신이 나타나서 즐겨 가는 장소이다.

○ 대나무나 바나나나무는 집 가까운 곳에서 자라면 안 된다. 또 이 나무들을 기르는 사람은 그림자로 나무를 덮어선 안 되는데, 그렇게 되면 나무가 자라지 않을 것이기 때문이다. 반면 나무 그림자에 들어가는 사람은 죽게 될 것이다. 만약 대나무에 꽃이 피면 그 나무의 주인이 죽을 것이다. 대나무를 일요일에 잘라선 안 된다.

○ 파탄 지역에서는 야자나무가 신성하다. 야자나무는 수 세기 전에 그 지역을 돌보는 성자인 마첸드라낫(Machhendranath)과 함께 들어왔다. 야자나무를 자르면 안 되지만 목을 박아서 죽일 수는 있다. 야자나무는 뿌리가 있는 곳이면 어디에서든지 자랄 수 있다. 만약 집 안에서 야자나무가 자란다면 지붕을 뚫어서 나무가 잘 자라도록 해야한다.

○ 캇팝브릭샤(Katpabbriksha)는 전설적인 나무로 어떤 소원이라도 들어주는 나무이다.

○ 소는 부의 신인 락스미(Laxmi)로 여겨진다. 소는 신성한 동물로 법적으로 보호받고 있으며, 네팔의 국가 동물이다. Kamadhenu는 우유를 영원히 제공하는 전설적인 소다.

○ 황소는 마하데바(Mahadeva)의 군마이며 역시 법적으로 보호받고 있다. 마하데바의 신전은 모두 신전 앞에 황소의 이미지를 사용하고 있다. 네와르 농부들은 카트만두에서 쟁기를 사용하지 않는데 마하데바의 군마에게 일을 시켜 그의 화를 사지 않기 위함이다. 그들은 오직 괭이로 땅을 일군다. 마하데바의 이름으로 황소를 자유로이 길에 나다니게 하는 것이 관례이다. 그리고 티하르(Tihar) 축제 기간 동안 소와 황소는 경배를 받는다.

○ 티하르 축제 기간 동안 개들은 신성시되며 사람들은 개에게 먹이를 주고 화환을 걸어준다.

○ 길을 걸어가고 있을 때 고양이가 지나가는 것을 보는 것은 불길하다. 집에서 고양이가 죽는 것 또한 매우 불길하다. 그래서 사람이 죽었을 때와 같은 예식을 행해준다. 개들은 결혼식 음식을 좋아하는 반면 고양이는 장례 음식을 좋아한다고 여겨진다.

○ 어떤 신전에서는 물소, 양, 염소를 제물로 삼고 있는데, 특히 더샤인 축제 기간에 그러하다. 하지만 거세한 염소는 제물로 소용이 없다. 검은 염소는 좋지만 얼룩이 있는 것은 그렇지 않다. 신전에서는 동물의 암컷을 죽이지 않는다. 염소는 신의 이름으로 길에 풀어놓고 있다.

○ 동물을 도살하기 전에는 동물이 몸을 흔들 때까지 물을 뿌린다. 몸을 흔들면 동물이 죽는 데 찬성한 것으로 생각한다. 하지만 물소를 죽일 때에는 그런 과정 없이 도살한다.

○ 신전이나 축제의 제물로 바쳐진 동물의 머리 부위는 네와리 가족 중 남자 구성원들이 나이에 따라서 나누어 먹는다. 동물의 오른쪽 눈은 가족의 최고 연장자에게 돌아간다, 왼쪽 눈은 두 번째 연장자에게, 오른쪽 귀는 세 번째로 중요한 사람에게, 네 번째 사람은 왼쪽 귀를, 오른쪽 턱은 다섯 번째 사람에게, 왼쪽 턱은 여섯 번째 사람에게, 코는 일곱 번째 사람에게, 혀는 가족 중내 가장 어린 사람에게 돌아간다. 만약 가족의 남자 구성원이 여덟 명이 되지 않으면 그 부위가 여자 구성원에게 돌아간다. 만일 오리나 닭을 사용한다면 머리는 최고 연장자에게, 오른쪽 날개는 두 번째 사람에게, 왼쪽 날개는 세 번째 사람에게 돌아간다.

○ 마하데바의 아들인 가네쉬(Ganesh)가 코끼리 머리를 가지고 있기 때문에 코끼리는 신성하게 여겨진다. 코끼리가 길을 지나갈 때에 어떤 사람들은 발자국의 먼지를 갖고 그들 이마에 티카를 찍는다. 코끼리 머리에는 진주가 들어 있다고 전해진다.

○ 전설적인 원숭이인 하누만(Hanuman)과 그의 무리가 Ram이 Ravan과 싸울 때에 참여했기에 원숭이는 신성시되고 있다. 원숭이가 나무에서 떨어지면 자신이 살고 있는 신전이나 숲으로 돌아가기 전에 마을로 내려와서 모든 집을 방문한다고 여겨진다. 슬픈 얼굴을 하고 있는 사람은 나무에서 떨어진 원숭이에 비유된다.

○ 개구리는 신성한 동물이 아니다. 하지만 네와르 농부들은 일 년에 한 번 사신의 땅에 사는 개구리들에게 먹을 것을 준다.

○ 땅벌은 신성한 동물이기에 땅벌을 보는 것은 좋은 일이디. 벌이 사람 주위를 맴돌면 그 사람에게 행운이 주어질 전조라고 믿어진다.

○ 암탉에게는 소금이 포함된 음식을 주어선 안 된다. 풀이 죽은 사람은 소금이 포함된 음식을 먹은 암탉과 같다고들 안다.

○ 까마귀는 불로초를 먹기 때문에 영원히 산다고 여겨진다. 티하르 기간 동안에는 일 년에 한 번 까마귀를 위한 축제가 있다. 어떤 사람들은 아침에 밥을 먹기 전 까마귀에게 먹이를 준다. 그러나 까마귀는 나쁜 소식의 전조로 여겨지기 때문에 까마귀를 죽이는 것은 죄가 아니다.

○ 날개가 있는 동물들 중에서 오리와 닭은 제물로 사용된다. 종종 딜걀이 그들 대신 제물로 바쳐지기도 한다. 그러나 불교 사원에서는 어떤 제물도 바쳐지지 않으며 달걀이나 고기도 사원 내에 갖고 들어갈 수 없다.

○ 나그 칸야(Nag Kanya)는 전설적인 인어이다. 뱀을 신성하게 여기는 날인 나그 판차미(Nag Panchami)에는 나그 칸야가 바다에 나타나는 장면을 문에 목판화로 그린다. 나그는 엄청난 힘을 갖고 있는 전설의 뱀으로 입에 보석을 물고 있으며, 그와 관련된 많은 이야기가 있다. 전설 속에서 카트만두는 Nagbasadaha, 혹은 뱀의 호수로 알려져 있으며, 나그 왕인 Karkotak이 그 속에 살았다. 그는 카트만두의 작은 호수인 Taudaha에 여전히 살고 있다고 믿어진다. Shesha-nag는 비쉬누(Bishnu) 신이 안식하고 있는 뱀이다. 카트만두의 많은 농부들은 뱀(Nag) 신을 위해 자신의 땅 작은 부분을 남겨놓는다.

○ 점술가들은 사회, 종교적인 일에서 중요한 역할을 맡고 있다. 아기가 태어나면 태어난 날짜와 시각을 적어 점술가에게 주고, 점술가는 아기를 위한 점을 치며 이름도 준다. 그 이름은 다른 사람에게 밝혀지면 안 된다.

○ 사람의 생일을 축하하기 전에 점술가로 하여금 별자리를 읽게 한다. 그러면 점술가는 그 사람을 위험에서 지켜줄 의식이나 신전에 바쳐야 할 선물을 지시한다.

○ 사람이 아플 때나 불행을 당했을 때도 같은 절차를 밟는다. 점술기는 불행을 넘길 수 있는 의식을 행히도록 지시한다.

○ 결혼식을 올리기 전에도 신부의 별자리를 신랑의 부모에게 보낸다. 그들은 점술가가 아들과 신부의 궁합을 보게 한다. 궁합이 좋으면 정식으로 결혼이 진행된다.

○ 사람이 죽으면 그 사람의 별자리를 머리에 올리고 그의 몸을 불태운다.

○ 땅을 사고 싶을 때에는 그 땅이나 집의 흙을 조금 가져다가 점술가에게 준다. 점술가는 점을 본 뒤 그것을 사면 좋을지 나쁠지를 말해준다. 가족이 새로 지은 집으로 이사하기 전에도 점술가는 이사하기에 좋은 날짜를 정해준다.

○ 만약 어떤 사람이 뚜렷한 이유 없이 불친절하게 군다면 그 사람과 내가 태어난 별이 지금 적대적인 위치에 있는 것이다.

○ 모든 사람의 운명은 태어난 시간에 이마에 정해진다고 여겨진다.

○ 사람이 어느 날 네팔의 왕을 보게 되면 그는 그날 지은 모든 죄를 용서받는다.

○ 만약 사람이 자신의 이름이 언급되어질 때 나타나면 그 사람은 장수하게 된다.

○ 발바닥이 간지러우면 곧 여행을 떠나게 될 징조이다. 오른쪽 손바닥이 간지러우면 곧 돈을 쓰게 될 것이다. 반면 왼쪽 손바닥이 간지러우면 돈이 들어올 징조이다. 오른쪽 귀가 간지러우면 좋은 소식을 듣게 되고, 왼쪽 귀가 간지러우면 나쁜 소식을 듣게 될 것이다. 반면 여성의 경우는 그와 반대이다.

○ 손톱에 하얀 점이 생기면 새 옷을 사게 될 것이다. 발톱의 하얀 점은 새 신발을 살 것이라는 징조이다.

○ 모자를 잃어버리면 재수가 없다.

○ 고양이들이 집에서 싸우면 그 집 안의 여성이 곧 임신하게 될 것이다. 발정기 고양이의 울음소리는 불행을 가져온다.

○ 남자가 결혼하지 않은 여성의 가슴을 보게 된다면 그날 그 남자는 불행할 것이다. 옷을 잘못된 방향으로 입는 것도 불운을 가져온다.

○ 까마귀는 나쁜 소식을 가져오는 동물이다. 목욕을 하는 동안 까마귀를 보게 되면 불운이 찾아온다. 가족 중 누군가가 떠나 있는 동안 까마귀가 머리 위로 날아가면서 날개를 펄럭이면 떠나 있는 가족원이 아프거나 사고를 당하게 된다는 징조이다.

○ 만약 암탉이 수탉처럼 울면 집의 현관에서 그 암탉의 목을 한 번에 친 뒤 머리를 지붕 위에 던져야 한다.

○ 개가 밤에 우는 것은 이웃의 누군가가 곧 죽을 것이라는 것을 나타낸다. 두더지들은 서로 모여서 다니는데 한 마리가 앞서고 다른 한 마리가 그 꼬리를 잡고 뒤따라간다. 눈앞에 이들이 지나가는 것을 보게 되면 가족 중 누군가가 죽게 된다.

○ 셰르파족들은 차를 딱 한 잔 내지 않는다. 네와르들은 와인이나 응유를 한 번만 내지 않는다.

○ 종교적인 의식, 세 아들과 딸들을 위한 사회적인 의식은 연속적으로 행하지 않는다. 여행은 세 사람이 함께 가선 안 되는데 그들의 목적을 달성하지 못할 것이기 때문이다. 세 사람이 어깨를 서로의 등에 대고 걸어가면 안 되는데 이는 장례식의 애도자들이 행하는 방식이기 때문이다.

○ 빵은 일곱 조각으로 구워선 안 되고 밥도 일곱 접시가 한 번에 나가선 안 되는데, 사람이 죽은 지 7일 후에 사자를 위해 대접되는 저녁식사만이 일곱 수로 준비되기 때문이다.

○ 사람의 인생에 있어서 여덟 번째 날은 매우 불길하다. 여덟, 열여덟, 스물여덟째 해는 모두 좋지 않다. 여덟과 여든여덟째 해가 특히 그러하다. 만약 가족원이 총 여덟 명이라면 가족 중 누군가가 죽거나 가족이 가난해질 것이다. 가족원이 총 열두 명이 되는 것도 좋지 않다.

○ 108은 좋은 숫자이다. 그래서 염주는 108개의 염주알로 만들어진다.

※ Kesar Lall(Kesar Lall Shrestha, 1926. 7. 15~2012. 12. 26) : 네팔 민속학자. 작가. 네팔에 대한 이야기를 50여 편 영어로 발표했다. 이 글의 사용은 허인석 전도사의 제공에 의함

네팔에서 보낸 일주일

지은이 ｜ 이택규

초판 발행 ｜ 2017년 6월 10일

편집 ｜ ATstudio
디자인 ｜ 박지혜
일러스트 ｜ 박지혜
교정·교열 ｜ 김웅렬

펴낸곳 ｜ 도서출판 건교
펴낸이 ｜ 임동숙
주소 ｜ 서울시 종로구 진흥로 21길 13
전화 ｜ (02)732-7034
이메일 ｜ ydsrosa@naver.com
블로그 ｜ http://blog.naver.com/keongyo
출판등록 (제300-2012-73호)

ISBN 979-11-959994-3-9